农业机器人研究与应用技术

现代农业
智能装备系列丛书

NONGYE JIQIREN

YANJIU YU

YINGYONG JISHU

汪懋华　丛书主编

张　伏　邱兆美　王　俊　编　著

中原农民出版社
·郑州·

图书在版编目（CIP）数据

农业机器人研究与应用技术／张伏，邱兆美，王俊
编著. —郑州：中原农民出版社，2015.9
（现代农业智能装备系列丛书／汪懋华主编）
ISBN 978-7-5542-1317-9

Ⅰ. ①农… Ⅱ. ①张… ②邱… ③王… Ⅲ. ①农业-专用
机器人-研究 Ⅳ. ①S24 ②TP242.3

中国版本图书馆 CIP 数据核字（2015）第 229448 号

农业机器人研究与应用技术

NONGYE JIQIREN YANJIU YU YINGYONG JISHU

出 版 人：刘宏伟
策划编辑：段敬杰
责任编辑：侯智颖
责任校对：李秋娟
责任印刷：孙 瑞
封面设计：吴丹青 薛 莲
版式设计：杨 柳

出版发行：中原农民出版社
地址：郑州市郑东新区祥盛街 27 号 邮编：450016
电话：0371-65788819（发行部） 0371-65788651（天下农书第一编辑部）
经 销：全国新华书店
印 刷：河南省环发印务有限公司
开 本：787mm×1092mm 1/16
印 张：12
字 数：196 千字
版 次：2023 年 1 月第 1 版
印 次：2023 年 1 月第 1 次印刷
定 价：69.00 元

编　委　会

主　编　张　伏　邱兆美　王　俊

副主编　屈　哲　张亚坤　王甲甲　刘颖华

参　编　史小磊　李晓鹏　张　辉　郭惠明

　　　　　崔夏华　贾文峰　张朝臣　滕　帅

前　言

农业机器人是集计算机技术、导航技术以及新型传感器技术于一体的进行农业生产的智能农业装备，在农业的规模化、精准化生产中具有广泛的应用前景。本书从农业生产的耕、种、管、收及加工分选方面介绍了农业机器人的应用现状及关键技术，以期为农业机器人的应用提供参考。

本书第一章介绍耕作机器人，第二章介绍种植机器人，第三章介绍农田管理类机器人，第四章介绍收获机器人，第五章介绍农产品分选机器人，每个章节对相关机器人的研究概况与关键技术进行了阐述，以求读者能够深入浅出地理解与掌握农业机器人的应用现状与相关技术。

本书编写目的是使学生从理论和实践上了解农业机器人的基本组成、工作原理以及实现方法，建立农业机器人系统的整体概念。本书注重理论分析与技术相结合，既有原理描述，又有实际应用分析；全书结构组织合理，内容衔接自然，文字通俗流畅，易于理解和学习。本书可作为农业机械化及其自动化、农业电气化、机械电子工程等非计算机专业的本科教学和农林人才专业本科教学参考书，同时也可作为计算机科学与技术、自动化、电子、通信等本科专业的教材或教学参考书。

本书力求做到内容完整，深入浅出，语言精练。由于编者水平所限，书中难免存在一些不当之处，殷切希望广大读者批评指正。

编者

2022 年 12 月

目录
Contents

第一章
耕作机器人

农田的耕耘作业是既单纯又繁重的，为解放农业生产劳动力，提高农业生产效率，通常采用农业机器人来替代人力进行农田耕作。耕作机器人是在拖拉机基础上添加一些自动化零部件、磁方位传感器等结构，从而判断、辨别自身位置和前进方向。20 世纪末期，日本生物系特定产业技术研究推进机构的机电技术研究室研发了一款耕作机器人，该型机器人在耕作场内可进行多种无人操作，如辨别、判断自身位置和前进方向等，其耕作效率与有人操作时相同。来自法国的研究人员研发出一款用计算机控制的拖拉机，工人只要与计算机对话，按动键盘发出指令，该拖拉机就可完成相应的操作。

虽然耕作机器人将要实现完全无人操作，但机器还是应在管理者监督下工作。当发生紧急情况时，管理者能远程控制机器，使其更安全地工作。目前机器人化的耕作机械仍处于试验阶段，其可靠性和安全性还有待进一步提高。

第一节　自动行走机器人

耕作机器人在田间进行耕作时，自动行走是耕作机器人工作实现的关键。在拖拉机的基础上添加嵌入式系统、导航系统和方向传感器等部件，从而构成了自动行走耕作机器人。自动行走耕作机器人在田间依靠方向传感器辨别自身位置后，命令相应的执行机构动作，实现自动驾驶并进行各种田间作业。随着美国 GPS、俄罗斯 GLONASS、中国北斗导航定位系统的全球化普及应用，利用卫星导航系统进行精确定位行驶的自动行走耕作机器人将会得到广泛应用。

日本农业机械技术中心从 20 世纪 90 年代以来一直从事耕作机器人方面的相关研究。耕作机器人是对普通耕作机械进行自动化技术改进而产生的。当前研究的耕作机器人与普通耕作机械相比配备了导航系统、自动行走系统、控制系统等重要系统。其中，导航系统是耕作机器人正常工作的重要基础。考虑到机器工作时土地条件的差异性，工程师们开发了 3 套不同的导航系统，其中"XNAV"导航系统是研究最为深入的。"XNAV"系统由安装在地块外的基站系统和安装在机器上的移动系统组成。机器工作时，基站系统中视觉测量装置通过发出激光束，检测追踪机器上移动系统中的目标棱镜，并根据移测法原理，确定出目标棱镜位置，从而确定了机器在地块中的位置。基站系统再通过无线电调制向移动系统发出无线电信号，传输机器位置数据信息。同时，移动系统中地磁传感器又检测出机器的方向，这样机器就识别出了自身位置和方向。导航系统将获取的机器位置和方向数据传输给控制系统，控制系统运行系统内设计好的软件，对自动行走系统发出指令信号，使自动行走系统控制机器按预定路线行驶。

一、轮式机器人

（一）研究概况

轮式机器人具有结构简单、速度高、移动稳定等优点，在农业领域应用广泛。无人驾驶拖拉机也是轮式机器人的一种，无人驾驶拖拉机系统除了引导拖拉机自动转向，实现高精度作业之外，还可对田间作业环境进行智能识别，自主决策实现整车控制功能。为了提高无人驾驶拖拉机的安全性，中国一拖集团有限公司（简称中国一拖）的姜斌开发了一款无人驾驶拖拉机主动制动控制系统，该系统可保证无人驾驶拖拉机在各种极端环境下都安全可控，在无人干预的情况下更加安全地完成田间作业任务。

（二）关键技术

1. 无人驾驶拖拉机主动制动控制系统设计

姜斌开发的这款系统由防碰撞模块、整车控制器、导航控制器、发动机控制器、电液控制系统、环境感知系统及云平台系统等组成，可以实现无人驾驶拖拉机的自动制动控制。该系统在原车制动系统的基础上增加了电液控制单元，与原车的低压系统进行高效整合，在不增加动力源的情况下，保证原车动力换向、润滑及散热功能的正常使用，

图 1-1　主动制动系统电控液压阀块

其电控液压阀块如图1-1所示。

　　主动制动系统的电液控制与原车制动系统并联，原车制动系统优先级高于电液控制，即驾驶员踩下制动踏板时主动制动系统不工作。主动制动系统与整车控制系统共用控制器，通过I/O扩展模块进行控制，其电控液压原理如图1-2所示。当向①号和②号电磁阀供电，两个电磁铁得电后，制动模式由脚踏板制动转换为自动制动模式；整车控制器控制油泵来油、电磁阀得电，可实现双边同时制动功能；当油泵来油、电磁铁断电时，制动去除；在无人驾驶模式下，①号和②号电磁阀处于供电状态，当控制器接收到踏板压力信号时，对电磁阀断电，实现脚踏板制动。

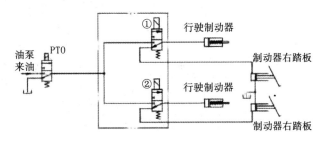

图1-2　主动制动系统电控液压原理示意图

　　系统开发完成后，在东方红LF1104-C型拖拉机上进行安装测试，并进行静态和动态功能测试，如图1-3所示。该系统可实现田间作业环境智能识别，能够自主决策进行制动控制。

　　主动制动距离计算如下：

　　输入条件：行驶速度15km/h；液压油压力2MPa。

　　计算结果：制动距离2.85m，制动减速度3.04m/s^2。

图1-3　主动制动系统现场测试图

该型控制系统在拖拉机上的使用有效地解放了人力，降低了驾驶员的劳动强度，同时促进了智能控制技术在农业机械领域内的应用和发展，也推动了精细农业的发展。

2. 无人驾驶拖拉机控制技术

（1）DGPS 导航　在一个精确位置上放置监测接收机，得到它所跟踪的每颗 GPS 卫星的距离误差，此差值被称为伪距离修正值 PRC，进而将此差值传递给用户接收机作误差修正，从而提高定位精度，如图 1-4 所示。

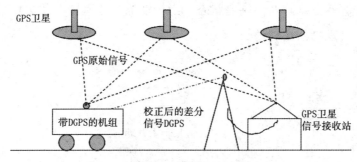

图 1-4　DGPS 导航示意

该系统采用 DGPS 获取高精度位置信息，实现方法是：在无人拖拉机上安装 GPS 接收机，根据 GPS 三角定位法求得拖拉机的位置。但受天气状况和云层厚度的影响，无线电信号的传播时间会受到一定的影响，从而导致计算的距离精度受到影响，使得定位不准。为了解决 GPS 信号定位不准的问题，在地面建立雷达基站（有确定的经纬度位置），运用雷达系统的差分定位对定位精度进行校准，运用基站雷达系统的差分信号提高定位精度，以消除天气等因素对信号传输的影响。该系统还可以引入 IMU 惯性测量单元，以较高的频率获取定位信息，把 GPS 的经纬度信息输入 IMU 模块中，再通过串口与控制线相连接。当两个传感器同时工作时，能够使得最终产生的经纬度更加准确，再利用三角定位提高传感器的位置精度。

（2）地形补偿　为满足高精度的要求，系统会使用地形补偿技术，通过姿态纠偏模块采集到的拖拉机倾斜、偏航、上下坡等状态信息，继而补偿不同地形对拖拉机行驶所产生的影响，减小拖拉机实际行走轨迹与预先设计路径之间的偏差。

（3）路径规划　如何实现高效的路径规划，有效降低耕地次数，节省能耗，解决漏耕的问题？目前认为可行方案是：将目标耕地的边界参数作为输入参数，根据耕地农具的幅宽（单次耕作能覆盖到土地的宽度），将耕地的宽度平均划分（不足幅宽的按照幅宽算），每次作业调头时（从头到尾作业一次后），通过程序控制无人机向相邻区域移动一个幅宽的距离，完成掉头，此时可以避免重复耕作和漏耕。

（4）自动转向　方案分为两方面：①软件方面。耕作田地长度一定，将其作为基数参数，以田地的一头为零点（参考点），通过修正后的 GPS 精确定位无人机位置，计算与零点之间的距离，从而求得此运行距离与基数参数的差值，当差值为 0 时，表明参数从头到尾部耕作一次，此时输出控制信号。②硬件方面。通过控制器抬升机具，改变无人机的方向，接着落下机具，当差值为某个预设值时（以实际操作为准，如为 0 或机身长度），表明从头到尾部耕作一次，此时输出控制信号，通过控制系统对自动操纵机构抬升机具，依据对拖拉机加速器的调控和载运负荷，自动改变拖拉机传动系的挡位、转弯、速度等，从而改变无人机的行驶方向，自动进入下一行，然后计算与 0 点之间的距离，落下机具。

（5）路障避免　可以在无人拖拉机上安装雷达、测距激光和视频摄像头等部件，确保作业过程中长时间无故障运行。在遇到路障上下坡时，可通过对发动机功率参数的控制，从而调节发动机功率，根据路障上下坡的难易程度，增大或减小功率，如需要时可自动操纵无人拖拉机制动器降低速度，换到无人拖拉机的低速挡，以保证耕作的运行。如果遇到障碍物时，自动操纵无人拖拉机制动器降低速度，进行有效安全避让，并在安全避让后自动回位到原耕作行，继续作业。

二、履带式机器人

（一）研究概况

履带式机器人通过性强，可爬越坡面、跨越障碍和壕沟，以及在湿地、碎石地、泥泞地上行走。其中，农用履带机器人具有体积小、对土壤压实影响小、可适应复杂恶劣农业作业环境等优点，显著提高了设施农业机械化水平。履带式机器人种类较多，常见的有以下几种。

1.单节双履带式机器人

美国 Battelle 公司设计开发了一款单节双履式机器人 ROCOMP，该机器人可通过斜坡、上下楼梯，也可通过窄小的过道和房间。在其行驶过程中，该机器人可沿计算机预设路线行驶或者采用无线电进行控制，进而自动避开障碍物。

国家科技部 863 计划曾立项了一款排爆机器人，由北京京金吾科技公司承担完成，命名为 JW902，该型机器人为单节双履式移动机器人，其各项性能指标优于国内外同类机器人。

2. 双节双履带式机器人

美国福斯特-米勒公司设计开发了一款履带式"鹰爪"作战机器人。该机器人最初设计目标是排除简单的爆炸物，其自身重量小于 45kg，遥控距离最远达 1 000m。目前，该鹰爪机器人已在伊拉克等地区执行了 2 000 多次任务。

3. 多节多履带式机器人

美国 Vecna 公司计划开发新一代战场救援机器人 VecnaBEAR，机器人上身采用液压伸缩机构，底部采用履带式驱动系统，结合动力平衡技术，完成初步结构设计。在电脑模拟展示中，VecnaBEAR 成功地抱起一个普通人体重的虚拟士兵并保持平衡。

我国自主设计开发的"灵蜥-B"型排爆机器人，采用三段履带式设计，机械手、装置行走、云台搭载 3 个摄像头，行走速度最大能达到 30m/s，最大抓取 15kg 重物，可爬行楼梯和 40°斜坡，越过 50cm 宽的壕沟和 40cm 高的障碍，充满电可连续工作 4h。

4. 多节轮履复合式机器人

中国科学院光电所成功研制了一款超小型排爆机器人，该型机器人有 2 个机械臂，可同时上下夹取物体，机械臂还能进行翻转。

美国 Remotec 公司开发的 Andros 系列机器人受到了广泛关注，Andros 机器人可处理小型随机爆炸物，目前，该机器人广泛应用于美国空军客机上。升级版 Mini-Andros Ⅱ 机器人搭配了活节履带及轮盘底盘，机械臂触及距离最大可达 2m。该型机器人采用模块化设计，可实现快速拆装，机身小巧精致，可在大型机械不能到达的区域使用。

5. 自重构式履带机器人

山东科技大学的研究人员设计开发了一种可变形履带式机器人，其由 4 个折叠臂、1 个躯体部分、4 个履带体构成，每一个履带体都通过一个折叠臂和机器人的躯体联结。该型机器人共有 12 个自由度，其中有 4 个履带驱动自由度和 8 个转动关节驱动自由度。该型机器人越障、爬坡能力强，可翻越相对更大的高墙或更宽的沟壑，甚至可在沼泽与泥泞地行走自如。

哈尔滨工业大学机器人研究所设计开发的履带式微小型机器人每部分均由模块化设计，单个机器人可独立运行，多个机器人可重构成环形和链型机器人。该微小型机器人体积小、质量轻、结构紧凑，采用两位微控制器和 PC 机两级控制体系，两级间使用蓝牙通信。该机器人的链型重构具有很强的越障能力，可爬越楼梯，其中环形机器人具有路面适应能力强和速度高的优点。

（二）关键技术

1.基于声信号的地面识别技术

赵凯等设计了一种采用声音信号进行地面类型识别的履带机器人，其目的是拓展地面识别方式及提升识别率。使用声压传感器采集履带机器人在行驶过程中与地面相互辐射的声音信号，再进行相应的专业分析，结果表明，行驶过程中采集的声音信号包含能够表征地面特点的信息。地面声音信号的处理流程如图 1-5 所示。

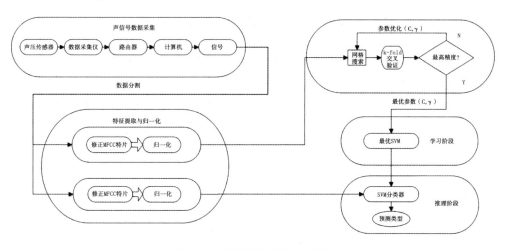

图 1-5　地面声音信号处理流程图

研究发现，该技术可在适当情况下单独使用，也可作为激光雷达、视觉等方法的补充。此外，该技术与激光雷达、视觉等方法的结合可以取得更好的地面识别效果。

2.履带机器人轨迹跟踪控制

匡文龙等设计了一款履带式机器人轨迹跟踪控制系统，由硬件部分和软件部分组成。硬件部分包括 S82RTK-GPS 移动站、BW-AH50 传感器、电动机控制器、上位机和电源等。S82RTK-GPS 移动站在网络模式下可动态获取机器人在 WGS-84 坐标系下经过多颗卫星对比得到的经纬度信息，BW-AH50 传感器用于动态获取机器人航向角，上位机用于接收和处理经纬度和航向角数据，并利用轨迹跟踪控制律计算得到电机控制命令，再发送给电机控制器，电机控制器用于接收上位机发出控制命令并完成对左右电机控制，电源则保证各个元器件供电。软件部分基于 C#程序语言构建，先提取 GPS 中的经纬度数据，再利用坐标转换程序将 WGS-84 坐标系下经纬度数据转化为高斯-克吕格投影坐标系下的东向坐标和北向坐标，同时通过航向角传感器获取航向角信息，即机器人纵向与赤道夹角，将东向坐标、北向坐标和航向角进行数据转换，之后将转换后的数据用于轨迹追踪控制，通过公式（1）~（3）得到左右电机转速，传送至电机控制器，其主要结构如图 1-6 所示。在俯仰角小于 40°，航向角为 0.05rad 时，BW-AH50 传感器输出频率设置为 5Hz。电机控制器内置闭环 PID 控制，可以通过霍尔传感器得到实际转速并与指令转速比较，再利用 PID 控制器实现实际转速和指令转速统一。

$$\omega_1 = \begin{cases} \omega_{pre} + sgn\ (\omega - \omega_{pre})\ \beta_{max}\Delta t, & if\ |\dot{\omega}| \geqslant \beta_{max} \\ \omega_{max} sgn\ (\omega), & if\ |\omega| \geqslant \omega_{max} \\ \omega, & else \end{cases} \quad (1)$$

$$v_1 = \begin{cases} v_{pre} + sgn\ (v - v_{pre})\ \alpha_{max}\Delta_t, & if\ |\dot{v}| \geqslant \alpha_{max} \\ v_{max} sgn\ (v), & if\ |v| \geqslant v_{max} \\ v, & else \end{cases} \quad (2)$$

其中，ω_1，v_1 为运动受限后转向角速度和线速度，v_{pre}，ω_{pre} 为前一时刻机器人线速度和转向角速度，Δ_t 为控制周期。该机器人具有最大线速度 v_{max} 和最大角速度 ω_{max} 及相应的最大加速度 α_{max} 和 β_{max}。

两侧驱动电机最大转速均为 N_{max}，v_{max} 和 ω_{max} 实际上由两侧电机最大转速和转速差决定：

$$-N_{max} \leqslant N_L = \frac{2v_{max} - (L+d)\ \omega_{max}}{4\pi r} \times i \leqslant N_{max}$$

$$\quad (3)$$

$$-N_{max} \leqslant N_R = \frac{2v_{max} + (L+d)\ \omega_{max}}{4\pi r} \times i \leqslant N_{max}$$

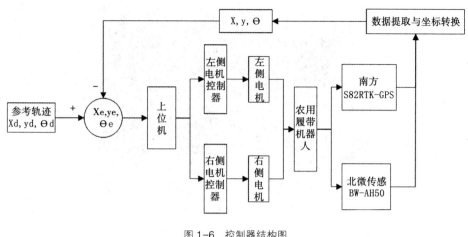

图 1-6 控制器结构图

第二节 施肥机器人

（一）研究概况

随着农业生产的规模化、多样化、精确化，越来越多的科研人员致力于施肥机器人的研究，施肥机器人对改善农民劳动力不足和提高种植效率起到了巨大的作用。

马德里大学机器人和控制研究中心研制了一款名为 Rosphere 的球形机器人，该球形机器人可以在崎岖的地面行走，主要用于农作物监测和管理，还可用于杀虫、精量施肥、拔草、挖坑等作业。雅拉国际公司和日本 Topcon 公司联合设计开发了一款名为 CropSpec 的农业装置，该装置可安装到某些机动设备顶部或者拖拉机上，依据作物的生长状况进行精确施肥。

2014 年，美国 Rowbot 公司开发了一款智能农用施肥机器人 Farmbot，该型机器人针对玉米施肥，能够在玉米最需要肥料的快速生长期进行施肥作业，如图 1-7 所示。该机器人能有效避免对高株作物的损害，并减少作物生长季节所需的肥料量，进而降低氮排放量，从而减少环境污染。该型机器人可使用 GPS 来确定其是否到达田地边缘，并使用激光雷达或激光扫描来确保其始终行走在玉米秆中间而不碰到作物植株。

图 1-7　Farmbot 施肥机器人

（二）关键技术

1. 施肥机器人定位装置结构设计

精密施肥的控制主要是对变速箱差速器的控制。施肥机器人主要由 5 个部分构成，包括动力源部分、减速差速器部分、方向控制部分、储料箱部分及施肥控制部分，其外观结构图如图 1-8 所示。差速器包括减速箱、差速器及离合器，这三者可以实现机构的启停控制与动力的分配；减速器的控制采用继电器控制，而继电器的反馈调节主要根据激光扫描信号的反馈和 PLC 控制实现。

图 1-8　施肥机器人结构

为了实现施肥的精密控制，使用 PID 控制器来调整变速箱的传动比。PID控制器是一种结构简单的线性控制器，其结构如图 1-9 所示。

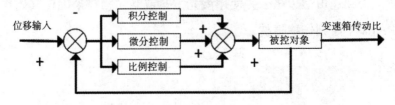

图 1-9　PID 控制器示意图

2. 基于 PLC 的施肥机器人激光扫描定位控制

施肥机器人的施肥深度可由 PLC 控制系统来实现，选用的激光器的型号为 LD-G650A13。激光器的具体参数如表 1-1 所示。

表 1-1 激光器参数表

型号	LD-G650A13
光斑模式	红色线状，连续输出
激光波长	650nm
线性夹角	115°
工作电压	3.0～5.0V
输出功率	10mW
工作寿命	1 000h 以上

出于安全考虑，选用功率为 10mW 的激光器。在该功率的激光照射下，物质不会发生化学物理变化，激光器内置直流电进行供电，系统硬件结构组成如图 1-10 所示。

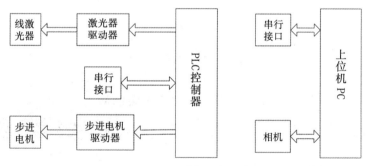

图 1-10 系统硬件图

PLC 作为下位机控制器，通过 RS232 通信总线，直接与上位系统处理中心进行通信。PLC 主要控制变速箱传递比的输出，激光扫描会随时将施肥深度信息传递给数据存储，通过 MAD02 模块进行 A/D 转化后，将数量与预设值进行比对，实现对施肥执行机构的 PLC 控制。该系统是闭环系统，如图 1-11 所示。

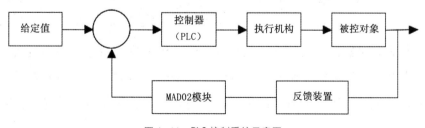

图 1-11 PLC 控制系统示意图

3. 施肥机器人田间试验

机器人的施肥效果可通过田间试验进行测试，机器人激光扫描施肥深度的测试结果如图1-12所示。由图1-12可知，激光扫描可以准确地测试出施肥深度。其中，施肥采用打孔施肥，施肥深度为2.0cm，符合设计要求。

施肥合格率的测试数据见表1-2，该型施肥机器人施肥合格率较高。这是由于激光扫描定位具有较高的精度，从而大大提高了施肥的合格率，提高了作业的机械效率。

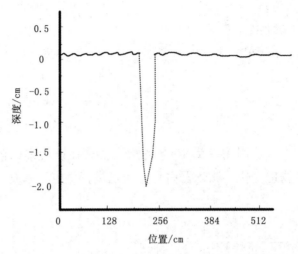

图1-12 激光扫描深度测试结果图

表1-2 施肥合格率测试数据统计

测试编号	传统施肥机器人施肥深度合格率	施肥机器人施肥深度合格率
1	90.2	98.2
2	91.3	97.3
3	90.8	96.5
4	90.6	98.6
5	90.1	97.8
6	90.3	97.9

该型施肥机器人是在传统施肥机器人的基础上进行改造，使用现代PLC控制和经典PID控制器对施肥系统进行优化而来的。同时，利用激光扫描设备设计了闭环的施肥精度调节系统，从而大大提高了施肥作业的机械自动化和智能化水平。

第二章
种植机器人

随着农业产业结构调整，农村剩余劳动力转移，雇用到合适的劳动力并能够长期使用越来越困难。因此，开发研制出符合我国国情、作业效率高、可靠性强、能适应规模作业要求的种植机器人是当务之急。种植机器人包含许多种类，如育苗机器人、播种机器人、插秧机器人、移栽机器人等，大力发展各种类型种植机器人将极大提升我国农业机械化水平。此外，种植机器人作为一种高技术集成型的装备，其发展、研制成功以及深化改造，将会使整个设施农业生产链条和现代农业水平得到巨大跃升。

第一节　育苗机器人

（一）研究概况

光照是影响幼苗生长的最重要因素。传统日光温室存在光照不均匀、幼苗向光弯曲等问题，LED光源具有能耗低、光照均匀等优点，被广泛应用到工厂化育苗生产中。人工光型植物工厂最早是由古在丰树等研发，他们成功开发出密闭式植物工厂。崔永杰等提出了一种基于机器视觉的幼苗外观特征自动检测方法，该方法可实现对幼苗株高、茎粗、子叶展开角及弯曲方向等参数的无损检测。北京京鹏环球科技股份有限公司开发了一种闭锁型育苗系统 JPWZ-1 型微型工厂，该微

图 2-1　JPWZ-1 外形实物图

型工厂主要包括栽培区、营养液循环区、电气控制区和环境控制区，其外形实物图如图 2-1 所示。

安徽泓森物联网有限公司设计开发了一款育苗机器人系统，该系统利用 RFID 技术，通过计算机实现自动识别和信息的交互，达到精准育苗目的。该系统通过对温室大棚内的温湿度信号、光照度以及土壤水分等参数的采集，能根据用户设定的一些参数，自动开启或关闭设备，实现大棚内的参数平衡，以此来实现农业生态信息的自动监测，以及对大棚育苗设施的自动控制和智能化管理。大棚监控及智能控制系统通过对温室内的环境湿度信号、光照度、土壤温度、环境温度、叶片水膜含量、基质湿度、二氧化碳（CO_2）浓度等参数进行不间断采集，采用数据运算分析，控制相应设备的开启或关闭，从而实现调节作用。在智能农业大棚中部署智能叶片传感器，用以监测大棚内的空气湿度、基质温度、空气温度、叶片水膜厚度、光照度等多个参数，控制终端如图 2-2 所示。

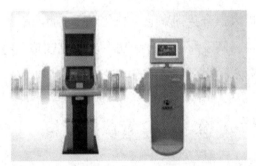

图 2-2　控制终端图

（二）关键技术

1. 幼苗无损检测机构硬件设计

根据需要检测幼苗外观特征参数、穴盘尺寸、摄像机分辨率、摄像机活动范围等条件，综合考虑设计出一种可以实现侧面连续拍摄单株幼苗的图像采集机构，如图 2-3 所示。该机构由步进电机、驱动器、丝杠、滑块、直线导轨，以及霍尔传感器Ⅰ、Ⅱ，连杆和相机组成。相机为德国 DFKAFU130-L53 彩色相机，该型相机可在待测物体持续移动情

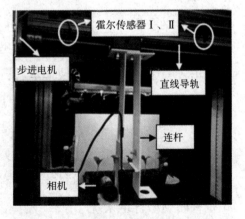

图 2-3　自动采集图像设备

况下精准对焦抓取影像。相机通过 CA-USB30-AMB-BLS/3 连接线与计算机相连，

获取分辨率为 640×480pixels 的图像。相机通过连杆与滑块连接，控制器通过单片机 I/O 口控制步进电机的旋转，实现滑块带动连杆及相机沿直线导轨水平移动，完成对幼苗图像的采集。

2. 幼苗无损检测机构软件设计

幼苗外观无损检测流程图如图 2-4 所示，电机行进安全行程与初始位置由安装在步进电机直线导轨上的一对霍尔传感器 I、II 确定；自初始位置开始，步进电机带动相机沿直线导轨自动实现向右行进 50mm 的距离，控制软件控制相机对单株幼苗采集一张图像；在采集完第五株幼苗图像后，到达设置终点，步进电机带动相机反向行进 250mm 回到初始位置待机，等待下一个循环的开始。由软件 ICcapture 2.3 控制图像拍摄，将直线导轨和工业相机配合后，首先根据步进电机的行进速度及幼苗之间的距离，来确定相机在两株幼苗之间的行进时间；再利用相机控制软件设置相机抓取图像时间间隔及图像储存位置，确保自动采集的图像清晰、完整。

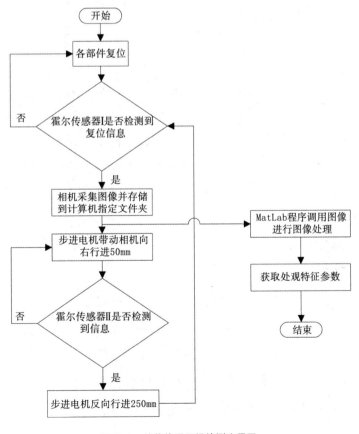

图 2-4　幼苗外观无损检测流程图

最后利用MatLab程序对幼苗图像进行图像处理，获取幼苗外观特征参数。图2-5（a）、（b）分别为软件界面、采集到的单株幼苗图像；之后由MatLab进行图像处理得到一些数值结果，包括幼苗生长状态的判断、株高和茎粗的测量值。

（a）软件界面　　　　　　　　　　　　　（b）幼苗图像

图2-5　软件界面及采集图像

第二节　播种机器人

播种机器人能够以精确的深度、株行距、播种量进行作业，在实际应用当中能够有效地节约种子、保证苗距的整齐性。因为农作物的多样性，播种机器人种类也较多，常见的有小麦播种机器人、玉米播种机器人、大豆免耕播种机器人、小粒种子播种机器人等。

一、小麦播种机器人

（一）研究概况

近年来，我国农业机械化程度越来越高，在小麦播种方面出现了很多不同类型的播种机器人，这有效地减轻了农民的劳动强度，提高了播种效率。为了进一步提高小麦播种效率，针对现有播种机器人避障能力差等问题，周茉等基于图像融合与智能路径规划设计了一款小麦精播机器人，该型机器人能够有效绕过障碍物，并在小麦播种时规划一条近似矩形的最优播种路径。

（二）关键技术

1.小麦播种机器人机构设计

小麦播种田间作业环境相对比较复杂，不仅存在着大量的静态障碍物，还存在一些动态的障碍物。因此，实现对障碍物的规避，提高机器人的自主规划能力将有效提高其播种效率。小麦播种机器人机构设计如图2-6所示。

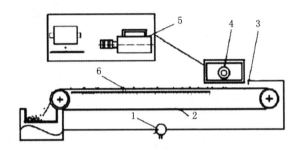

1. 油泵　2. 黏带　3. 喷油嘴　4. 精密排种器　5. 高速摄像系统　6. 种子

图2-6　小麦播种机器人机构设计图

采用气吸式的结构，种子由种子箱分流入种子室，吸室通过软管与风机相连。播种机工作时，吸种盘由动力系统带动旋转，完成种子的吸种和排种的过程。

2.小麦播种机器人路径规划设计

为了实现小麦播种机器人的精密控制，提高路径规划的精度，采用图像融合与模糊控制方法对小麦播种机器人路径规划的位移误差进行控制，其模糊控制过程示意如图2-7所示。

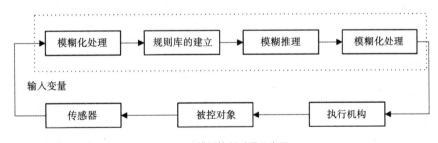

图2-7　模糊控制过程示意图

模糊控制算法的主要步骤包括：①根据期望得到的数值，来选择系统的初始输入值。②对输入变量的准确值进行模糊化。③根据相应的模糊规则，计算模糊域。④通过去模糊化的处理，计算出精确控制量。对于模糊控制的结果计算，可以使用MatLab来完成。MatLab内置的SIMULINK软件包是一个用来对动态系统进行建模、仿真与分析的可视化仿真工具，其功能强大，使用简单。路径规划的模糊控制原理如图 2-8 所示。

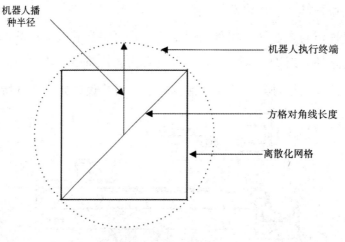

图 2-8　路径规划原理图

为了测试该型小麦播种机器人的性能，对路径规划的效率和播种时间进行了试验。结果表明：采用模糊控制算法的机器，学习时间比神经网络、遗传算法及蚁群算法的都要短。与传统作业的播种机器相比，小麦播种机器人的单垄作业时间明显缩短，效率大幅提升，为小麦播种机的进一步优化设计提供了参考。

二、玉米播种机器人

（一）研究概况

玉米播种机器人可以保证种子的株距、播种深度、播种量的一致性，提高农作物的质量，控制玉米的生长密度，是现代农业生产中应用广泛的播种方法。郭颖针对 PLC 单独使用时难以有效控制播种机的问题，设计了一种电力驱动的小型自走式玉米播种机。

（二）关键技术

1. 玉米播种机器人结构设计

玉米播种机器人的主要部分有开沟器、播种单体、排肥器、控制模块、结构装置、传动装置等。其中开沟器、播种单体和排肥器是决定作业质量的关键部件。控制模块包括各种传感器、PLC 和单片机，传感器为安装在地轮上的霍尔传感器和安装在仿形轮上的位移传感器。PLC 和单片机共同组成控制核心，将 PLC 与单片机结合进行联合控制，以提高对播种深度、播种量和施肥量的控制精度。整体结构示意图如图 2-9 所示。

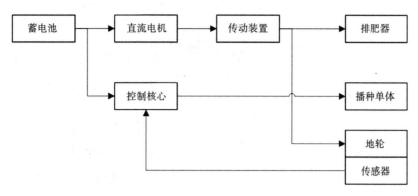

图 2-9 整体结构示意图

2. 玉米播种机器人控制模块设计

玉米播种机器人控制系统由单片机和 PLC 组成，控制模块结构如图 2-10 所示。其中，W77E58 型单片机作为上位机，用于设定控制参数，采集传感器数据发送给下位机并显示播种机的运行状态。西门子 S7-200 型 PLC 作为下位机，用于接收上位机发来的数据，经过分析处理后形成控制指令，调节播种机的运行状态。选用的 PLC 具有 RS-485 串行接口，可以支持多种通信协议，采用 MPI 协议实现与单片机的连接。基于 MPI 协议的串行接口通信由人工设定，依靠 PLC 内部程序与单片机汇编语言之间的配合来完成数据的传输交换。单片机处于实时监控的状态，能够主动发送请求信号；PLC 接收到请求信号后启动分析处理程序，最后向单片机反馈控制指令；单片机将控制指令转换为各种电信号，驱动相应的执行装置对播种作业进行控制。试验结果表明：该型玉米播种机在 3.9km/h 的速度下具有较好的播种效率和质量，播种深度、播种量和施肥量的控制精度也得到了显著提高。

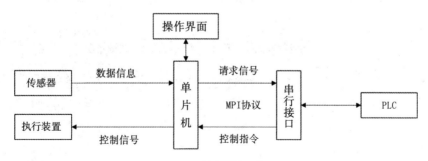

图 2-10 控制模块示意图

第三节　插秧机器人

（一）研究概况

智能插秧机具有提高农业生产效率、减轻劳动强度、降低农业成本及提高农业生产产能等多方面的优点，在农业生产中的应用也越来越广泛。张树周设计了一款智能插秧机监控系统，该系统能够实时监测智能插秧机的工作状态，远程控制智能插秧机作业，可及时对插秧机的故障进行反馈报警，且结构简单、控制精度高，具有较高的安全性和稳定性。邱春红为进一步提升插秧机智能化控制水平，在当前插秧机硬件结构优化的基础上，利用信息的传输处理算法，针对插秧机的核心装置进行软件架构的设计研究。

（二）关键技术

1.插秧机器人核心装置设计

智能插秧机主要由动力源、分秧机构、插秧机构及中间传递机构等关键装置组成。插秧机工作时行进速度与插秧机进行插植速度要相互配合，因此利用DCT技术，以智能插秧工况状态不同，进行相对应的主要动作逻辑设置（见表2-1），主要考虑起步直行、转向、倒车和异常等环节。同时，依据信息架构层级表示智能插秧机核心装置的控制执行关系，如图2-11所示。该系统的核心硬件装置通过硬件层与系统层有效连通，形成智能插秧机硬件系统，该硬件系统与核心装置驱动程序互通后，实现信号实时传递至中心控制处理内核中，再由系统层的接口进入应用层的软件架构控制后台。

表2-1　智能插秧机各工况状态下主要动作逻辑设置

序号	工况状态	插秧动作控制	整机速度控制
1	起步直行	中立→下降→插秧	空挡→低速→高速
2	转向	插秧→上升→中立	高速→低速
3	转向倒车	上升→中立	低速→空挡→倒车
4	异常	上升→中立	空挡
5	结束作业	上升→中立	空挡

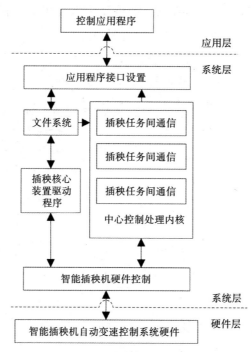

图 2-11 智能插秧机核心装置控制执行关系图

2. 插秧机软件设计

控制模块选择 ARK 系列的处理器,对插秧作业过程中的插秧合格率、漏插率等参数实时数据监测,采用数据算法移植方式,实现数据结果的串口发送,得出智能插秧机核心装置软件架构控制系统组成,如图 2-12 所示。

整机核心装置的软件架构系统根据插秧机械运动学规律,结合架构控制位姿的 PID 算法,划分为通信参数组件、发动机参数组件、液压参数组件及插秧机运动参数组件。进一步给出该智能插秧机软件架构系统的主要功能模块设置(如表 2-2 所示),着重考虑智能插秧

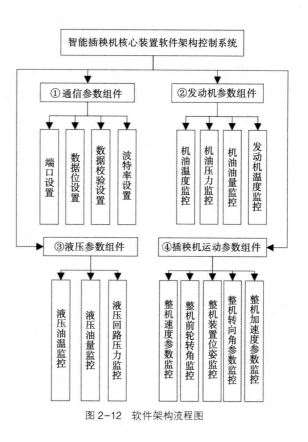

图 2-12 软件架构流程图

21

的导航控制与插秧速度参数，利用三维重建、特征提取、机器学习数据工具，确保插秧机在软件架构系统下规范、有序插秧。

表2-2　功能模块设置

序号	模块名称	功能实现
1	calib3d modules	三维重建等算法函数运用
2	interface	帧编码等接口操作
3	core modules	软件架构核心数据处理
4	img-pro	特征提取分析等图形处理
5	ml modules	机器学习数据输出
6	other modules	系统兼容测试运行辅助

3.插秧机器人控制系统仿真

在满足智能插秧机秧针形成角度、插秧轨迹高度等相关农艺要求基础上，进行智能插秧机软件架构控制系统仿真试验，设计如图2-13所示的智能插秧机核心装置的软件架构系统仿真测试步骤，并确保如下前置条件：①信号传输控制系统及供应电源连续性。②软件定义架构代码及相关链接的一致性。③各装置内部信息数据资源分配的合理性。④实时控制及数据传输线路可靠。

第四节　移栽机器人

（一）研究概况

我国蔬菜已成为种植业中仅次于粮食的第二大产业，目前约有60%的蔬菜是采用穴盘育苗移栽方式种植的，穴盘育苗移栽技术是20世纪70年代中期欧美等国家率先发展起来的一种适合工厂穴盘苗生产的技术，广泛应用于蔬菜和花卉的生产。葛荣雨等针对穴盘苗人工移栽或半自动移栽作业效率低、作业劳动强度大、

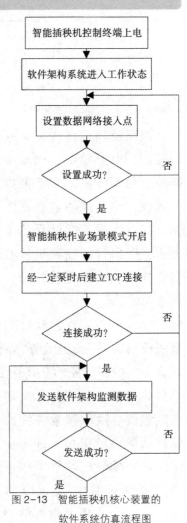

图2-13　智能插秧机核心装置的
软件系统仿真流程图

作业质量差等问题，为全自动移栽机设计了一种运行稳定、高效的自动取苗装置。

（二）关键技术

1. 穴盘苗移栽机器人取苗装置设计

根据穴盘苗移栽农艺要求，穴盘苗移栽机的自动取苗装置用来代替人力从穴盘中取苗，并按照特定轨迹移送到接苗杯，再由栽植机构将穴盘苗进行栽植。取苗装置必须满足特殊的轨迹要求，如取苗时运动方向与穴盘放置平面尽量保持垂直，投苗时尽量保证穴盘苗竖直落到接苗杯中。可以采用齿轮-凸轮式连杆的并联式组合机构，来实现所需的工作轨迹。

穴盘苗移栽机自动取苗装置的传动如图 2-14 所示。其主要通过凸轮式连杆的复合运动共同控制轨迹的形成，并通过齿轮传动使整个传动系统自由度为1。工作原理为：取苗爪机构通过轴承座固定在移栽试验平台上面，主动轴驱动主动齿轮转动，与其啮合的从动齿轮转动；主动齿轮和从动齿轮上分别固连主动滚子和从动滚子，从而构成了主动曲柄和从动曲柄，设有凸轮槽的凸轮式连杆一端与主动滚子固连，另一端与从动滚子啮合，构成凸轮传动机构。因此，在齿轮-凸轮式连杆组合机构复合运动的共同作用下，能够得到预定的工作轨迹；凸轮式连杆相当于一个变杆长的连杆，通过优化设计凸轮槽的理论轮廓线，灵活调节工作轨迹。主动齿轮在初始位置时，取苗爪机构位于 C 点，并完成取苗动作；当主动齿轮从初始位置逆时针旋转180°时，取苗爪机构持苗沿 CDE 轨迹开始运动，并在 E 点完成投苗；主动齿轮逆时针从180°位置继续旋转至360°位置时，取苗爪机构尖端轨迹沿 EFC 直线轨迹回程到 C 点进行再次取苗，如此就完成了取苗、持苗、投苗和回程的周期性动作。

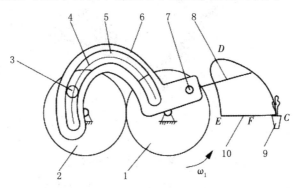

1. 主动齿轮　2. 从动齿轮　3. 从动滚子　4. 理论轮廓曲线　5. 凸轮槽
6. 凸轮式连杆　7. 主动滚子　8. 取苗爪机构　9. 穴盘苗　10. 工作轨迹

图 2-14　穴盘苗移栽机自动取苗装置简图

2. 穴盘苗移栽机器人三维建模及虚拟仿真

穴盘苗移栽机器人三维建模可借助 SolidWorks 软件进行取苗装置零部件设计与装配，如图 2-15 所示。在完成装配后对各个零部件、装配进行检验；通过 SolidWorks 的"干涉检查"命令进行辅助验证，选择要检测的装配体，检查是否有干涉存在，验证发现该模型的结构设计符合要求。

图 2-15　穴盆苗装配图

ADAMS 采用 Parasolid 核心模块，与 SolidWorks 实现无缝连接，方便数据传输。将取苗装置三维模型导入 ADAMS，建立取苗装置的虚拟样机，如图 2-16 所示。在不影响仿真计算结果的前提下，根据实际情况对三维模型进行简化，按后期加工制造的生产条件设定各零部件的属性参数，给各个构件之间施加相应的约束、载荷及驱动进行模拟仿真。设置仿真时间（EndTime）为 3s，步数（Steps）为 1 000，主动轴的转速为 20r/min，进行动力学仿真。

图 2-16　虚拟样机图

3. 样机取苗试验

为检验取苗装置的合理性，将其安装到移栽机上，进行实际取苗试验。试验采用番茄穴盘苗，穴盘规格为 8×16，穴口长×宽为 30mm×30mm，深度为 45mm，秧苗高出钵盘表面 35mm 左右。取苗装置的主动齿轮转速为 20r/min，取苗爪对整盘苗进行取苗试验，记录取苗爪能将秧苗成功抓取并投至栽植装置取苗杯的数目。取苗装置实物如图 2-17 所示，取苗成功率检测结果数据如表 2-3 所示。

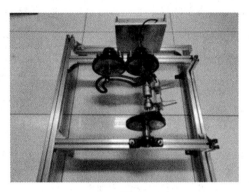

图 2-17　取苗装置实物图

表 2-3　取苗成功率检测结果表

组别	总苗数/株	成功数/株	成功率
1	128	123	96.1%
2	124	120	96.8%
3	122	119	97.5%

取苗试验结果表明，秧苗漏栽率均小于 5% ，完全满足种植农艺要求。取苗不成功的主要原因是：取苗爪取苗阶段中，因整个移栽机的震动，使取苗爪在未能完全夹牢秧苗的情况下完成取苗动作，致使秧苗遗留在苗盘里。

第三章
农田管理类机器人

中国是一个发展中的农业大国，农业科技是农业增长的主要推动力。"十一五"以来，在国家不断重视和相关政策的大力支持下，农业机械化得到了快速发展，目前我国正处于从机械化农业向"智慧农业"变革的关键时期，农业机器人是人工智能技术在农业应用中的重要分支，具有良好的发展前景。农田管理类机器人可分为多种类型，本章将从除草机器人、植保机器人、灌溉机器人、剪枝机器人和嫁接机器人几个方面展开介绍。

第一节　除草机器人

一、水田除草机器人

（一）研究概况

目前，我国使用的主要除草方式是人工除草和化学除草，两种除草方式存在以下不足：人工除草存在劳动强度大、工作效率低的问题；化学除草采用大面积喷洒的方式，易产生土壤、水和空气污染以及化学残留等问题。此外，大面积喷洒的方式对杂草的针对性差，除草效率低。针对现有除草机械很难适用于恶劣的稻田环境的问题，夏欢研究了一种适用于水田的踩踏式除草机器人，在此基础上张滨研究了机器人的视觉导航控制策略。

（二）关键技术

1.除草机器人的整体结构

水田除草机器人需在作业环境中完成除草和跨越两个主要任务，其总体结构由踩踏式除草机构、辅助支撑机构和跨越式移动机构三部分组成。其中踩踏式除草机构为履带式移动机构，其在水田秧苗行间行走时对杂草进行踩踏，同时可实现杂草的拔出，切断。此外，履带行走时会使水变混浊，可以抑制水中杂草的光合作用，也可破坏杂草的生长环境。现有除草机器人多通过转弯方式实现换行，易造成水田种植面积浪费，辅助支撑机构、跨越式移动机构协调动作可实现从秧苗上方的跨越式换行动作。视觉系统用以对环境的检测和路径的规划，实现机器人的自动控制。带有摄像头的机器人三维机构如图3-1所示。

图3-1　除草机器人的三维机构图

2. 除草机器人的踩踏式除草机构

水田环境复杂，存在许多障碍物，且水田承压能力、水深和泥脚深对水田除草机器人的设计提出了更高要求。基于此，踩踏式除草机器人采用三角式履带轮机构，每三个履带轮共用一条带刺履带，履带上的履带刺排列不规则以有效去除杂草，且履带刺更容易带起水中泥土。当除草机器人在田间行走时，前排履带刺没有将杂草除去时，可通过后排履带刺的"补位"将杂草除去，且有了履带刺后更容易带起水中泥土，达到更好的除草效果。控制箱中装有驱动电机、减速箱等机构，每组履带轮各用一个电机驱动。

3. 除草机器人的辅助支撑机构

辅助支撑机构主要起到撑起踩踏式除草机构的作用，实现除草机器人稳定的换行动作。采用气压传动方案时，除草机器人中间箱体部分被辅助支撑机构撑离地面向另一位置移动，将导致其重心偏移，两边气缸的动作速度受载荷影响会不一致，造成机器人向一侧倾斜，特别在复杂的水田环境中，该现象尤为明显，故采用电动方案，使用电动推杆作为电动执行机构。此外，还需在电动推杆下端位置安装辅助支撑机构。除草机器人一边上升的情况如图3-2所示。

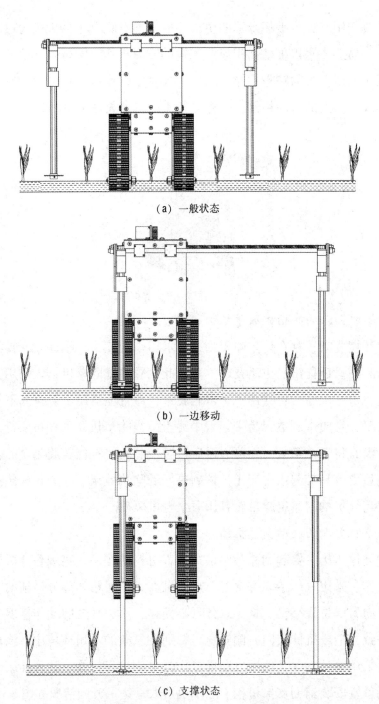

（a）一般状态

（b）一边移动

（c）支撑状态

图 3-2　除草机器人一边上升动作序图

4.除草机器人的跨越式移动机构

在完成两行秧苗除草作业后，除草机器人需转移到下两行继续作业，为替换传统的转弯方式，除草机器人采用跨越式移动机构，机构简图如图 3-3 所示。

28

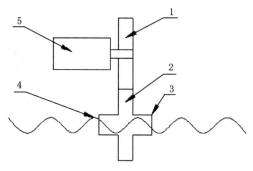

1. 主动齿轮 2. 从动齿轮 3. 丝杆螺母 4. 丝杆 5. 驱动电机

图 3-3 跨越式移动机构简图

当除草机器人运动到田埂需要变换作业位置时，机器人运行自动停止，驱动电机驱动齿轮转动，光杆移动到位后，4 个电动推杆的伸缩杆同时伸出，并将机器人撑离地面相同距离后停止，驱动电机反转，使除草装置移动到位，然后电动推杆的伸缩杆全部缩回，将除草装置放下，驱动电机正转，光杆移动，即可完成一个跨越式动作，到达另一个作业位置。光杆滑动示意图如图 3-4 所示。

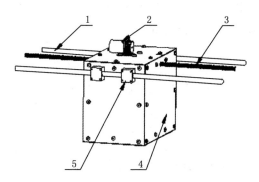

1. 光杆 2. 驱动电机 3. 丝杆 4. 中间箱体 5. 滑动轴承

图 3-4 光杆滑动示意图

5. 除草机器人视觉导航控制设计

除草机器人通过视觉导航系统中的图像传感器获取外界图像信息，然后将图像信息传给处理单元，经过一系列变换后获取有用信息，并将提取到的有用信息运用到机器人的实际控制中。机器人视觉系统基本组成如图 3-5 所示。水田除草机器人行走时，最重要的是获取偏角信息，也就是秧苗中心线和机器人中心线之间的夹角信息。机器人控制系统根据相应的控制策略获取偏角的大小并进行决策推理，得到应调节的偏角后，再通过调节两个履带的速度来实现调节。

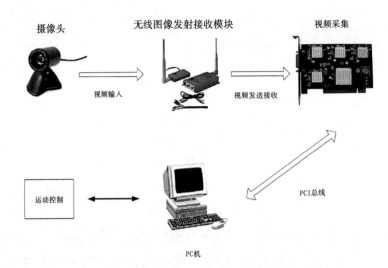

摄像头　　　　无线图像发射接收模块　　　　视频采集

视频输入　　　视频发送接收

PCI总线

运动控制 ←→ PC机

图 3-5　机器人视觉系统基本组成

二、玉米除草机器人

（一）研究概况

近年来，我国玉米种植面积迅速增加，玉米总产居世界前列，加强田间管理、有效抑制杂草是提高玉米产量的有效途径之一。机械除草是指用除草机械去除田间杂草，该方法不仅具有绿色环保、作业效率高等优点，还可有效改善土壤环境、增强土壤渗透性，但现有除草机在黏重土壤条件下存在除草效率低、碎土效果差、功耗大等问题。基于此，王文明设计了一种新型玉米除草机械。

（二）关键技术

1.玉米机械除草装置整机设计

针对现有除草机在黏重土壤条件下工作的缺点，所设计的玉米除草机主要包括凸轮摇杆式摆动型苗间除草装置、视觉识别控制系统和驱动旋转式振动型松土除草装置，整体结构如图 3-6 所示。其中，凸轮摇杆式摆动型苗间除草装置主要完成清除玉米苗间杂草的任务，驱动旋转式振动型松土除草装置主要用于玉米苗侧及垄帮的除草和松土。位于拖拉机前方的视觉识别系统用于对玉米苗的定位，控制凸轮摇杆式摆动型苗间除草装置作业，同时由拖拉机拉动驱动旋转式振动型松土除草装置作业。

1. 凸轮摇杆式摆动型苗间除草装置　2. 视觉识别控制系统　3. 拖拉机　4. 驱动旋转式振动型松土除草装置

图 3-6　玉米中耕除草机整体结构图

2. 凸轮摇杆式摆动型苗间除草装置设计

凸轮摇杆式摆动型苗间除草装置主要由主轴、支座、主动齿轮、从动齿轮、从动轴、回位拉簧、凸轮、摆杆、刀轴、除草刀等部件组成，如图 3-7 所示。其中凸轮通过定位螺栓分别与主、从动轴固装，刀轴与摆杆固定装配，且为方便调节装置的作业高度和刀齿的入土深度刀轴上开多个定位孔，除草刀通过沉头螺栓与刀轴固连。

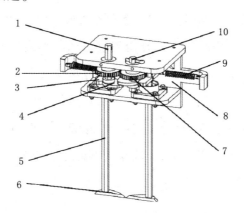

1. 主轴　2. 主动齿轮　3. 摆杆　4. 凸轮　5. 刀轴　6. 除草刀

7. 从动齿轮　8. 支座　9. 回位拉簧　10. 从动轴

图 3-7　凸轮摇杆式摆动型苗间除草装置结构图

机器前行过程中，当除草装置接近玉米苗时检测系统发出脉冲信号，单片机接受信号并处理，然后将指令传给电动机驱动器控制电动机带动除草装置上部的主轴旋转躲避幼苗，避开幼苗后，拉簧拉动两刀齿回位，完成一次避苗动作。其控制流程如图 3-8 所示。

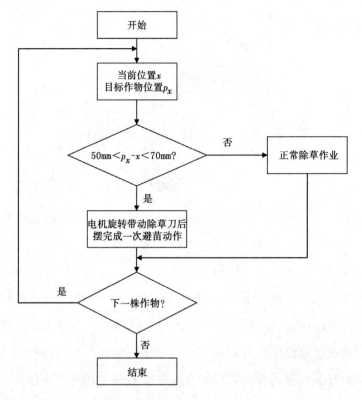

图 3-8　除草装置控制流程图

　　根据北方垄作特点，将该装置的避苗运动轨迹设计为近"菱形"，除草刀避苗运动共包括张开、保持最大张开角越过玉米苗和回位三个过程，其避苗运动轨迹如图 3-9 所示。除草刀宽度的选取对除草作业效果的影响较大，且合理地选择除草刀回转中心位置可有效降低其摆动过程中的阻力矩，我国北方玉米小垄种植的垄台宽度一般为 180mm 左右，因此综合考虑刀宽 L_1 取 108mm，除草刀回转中心距刀尖距离 L_2 取 70mm，除草刀回转中心距刀背距离 L_3 取 13mm，如3-10 所示。

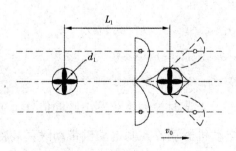

L_1—株距　d_1—划定的作物保护区

图 3-9　除草装置避苗运动轨迹规划图

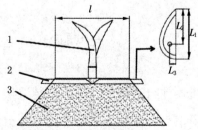

1. 玉米苗　2. 除草刀　3. 玉米垄台

图 3-10　除草刀结构参数示意图

除草装置避苗过程中，弹簧刚度参数影响除草刀的回位状态，为此需要确定弹簧拉力的取值范围，选择三种相同材料（65Mn）的圆钩螺旋拉伸弹簧，其丝径分别选4mm、5mm、6mm，其具体参数如表3-1所示。

表3-1　弹簧参数

材料直径/mm	弹簧中径/mm	弹簧刚度/（N/mm）	圈数
4	16	30	20
5	20	45	17
6	24.5	60	14

除草作业时，将如图3-7所示的除草装置与拖拉机挂接，使两除草刀位于玉米苗带的两侧，按照如上所述过程越过幼苗后，两刀齿归位，完成一次避苗动作。试验样机结构如图3-11所示。

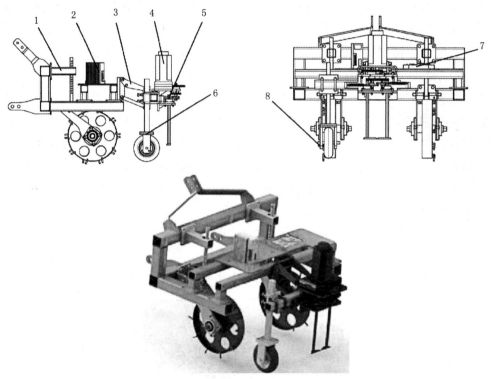

1. 机架　2. 电动机驱动控制器　3. 单体仿形装置　4. 伺服电机
5. 凸轮摇杆式摆动型苗间除草装置　6. 单体地轮　7.51单片机　8. 霍尔接近开关

图3-11　试验样机结构图

研究发现当凸轮轴转速为415/3r/min，机器前进速度为813mm/s，弹簧刚度为60N/mm，前进速度为0.6m/s，除草刀转速为130r/min时，该装置的除草

33

效果最佳，除草率为89.8%，伤苗率为2.1%。为了检验最优组合对除草装置实际工作性能的影响，将除草装置与传统苗间除草装置进行对比试验，试验结果如下表3-2，易见凸轮摇杆式摆动型苗间除草装置的除草率高于传统除草装置，且其伤苗率也有明显的降低，可见该装置的除草性能较优。

表3-2　凸轮摇杆式摆动型苗间除草装置与传统装置试验对比结果

除草装置类型	除草率	伤苗率
凸轮摇杆式摆动型苗间除草装置	89.8%	2.1%
传统	78.2%	4.3%

3.驱动旋转式振动型松土除草装置设计

驱动旋转式振动型松土除草装置是旋转中耕机的一种，将振动减阻方法引入机器设计以解决国内现有旋转中耕机作业时存在除草、碎土效果差等问题。

驱动旋转式振动型松土除草装置主要由单体机架、弹簧杆、仿形弹簧、辊筒、单体弹簧、除草刀、压缩杆、固定片等组成，如图3-12所示。其中弹簧管的下端与单体机架铰链，上端穿过单体机架上横梁，其上开有多个小孔，可与开口销共同使用调节除草刀的入土深度；弹簧杆上装有仿形弹簧；凸轮轴固装在机架上，辊筒与凸轮轴同心配装，压缩杆装在凸轮轴与辊筒之间，弹簧和固定片分别套装在压缩杆上，且固定片通过螺栓与辊筒固装，除草刀通过螺栓固定在压缩杆上。作业时，在外动力源带动下，除草刀振动柔性切入土壤，碎土的同时搅动土壤。凸轮、弹簧等机构的设计，使装置作业过程中与土壤构成振动系统，一方面增强了除草刀的脱草性能，一方面减小了装置的作业功耗，增强了其碎土、松土作业效果。

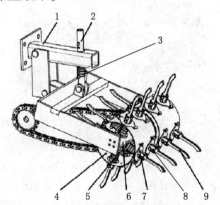

1.单体机架　2.弹簧杆　3.仿形弹簧　4.辊筒

5.单体弹簧　6.凸轮轴　7.固定片　8.压缩杆　9.除草刀

图3-12　驱动旋转式振动型松土除草装置结构图

除草刀是直接决定作业效果的执行部件。现有的中耕机旋转工作部件大多使用 L 形刀或旋耕弯刀，但在实际作业时都有切削阻力大、缠草严重等问题，为此采用如图 3-13 所示的直刀型除草刀，以降低除草装置的切削阻力，增强其除草、碎土效果。综合考虑确定长度 l 为 106mm，宽度 w_d 为 12mm。为了增强作业效果，确定辊筒宽度取 160mm，直径取 290mm；压缩杆的长度取 105mm，直径取 25mm，杆头长度取 85mm；凸轮轴的长度取 160mm。

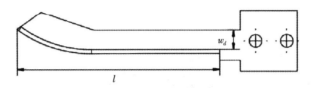

图 3-13　除草刀结构图

弹簧参数的设计直接决定除草刀是否按时回缩，影响装置的作业效果。为得到合理的弹簧参数，选取 5 种相同材料（65Mn）的压簧进行分析比较，相关参数如下表 3-3。

表 3-3　弹簧参数			
材料直径/mm	弹簧中径/mm	弹簧刚度/（N/mm）	圈数
3	20	5.4	18
3.5	22	8.6	16
4	25	13.2	12.5
4.5	28	17.8	10.5
5	30	21	9.5

作业时，将装置与拖拉机挂接，调整除草装置位置，使两除草刀均匀分布在玉米苗带的两侧，拖拉机通过传动系统将动力传递给除草装置，带动装置进行中耕作业。试验样机结构如图 3-14 所示。

将样机进行田间试验，结果表明：当辊筒转速为 2.51r/min、机器前进速度为 0.5m/s、弹簧刚度为 10.5N/mm 时，测得除草率为 88.1%，碎土率为 92.8%，作业功耗为 2kW，装置除草、碎土性能好，作业功耗小。为了检验最优组合实际工作性能的影响，将该装置与传统中耕机进行对比试验，试验结果如表 3-4，表明驱动旋转式振动型松土除草装置具有较好的作业性能。

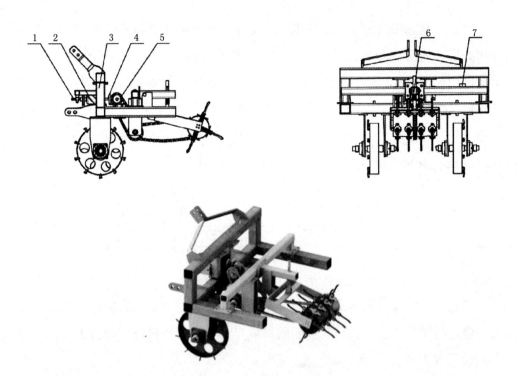

1. 动力输入轴　2. 扭矩传感器　3. 机架　4. 中间轴
5. 传动系统　6. 驱动旋转式振动型松土除草装置　7. 数据采集仪

图 3-14　试验样机结构图

表 3-4　对比试验结果

除草装置类型	除草率	碎土率	作业功耗/kW
驱动旋转式振动型松土除草装置	88.5%	93.3%	1.97
传统中耕机	78.6%	88.7%	2.79

三、棉花除草机器人

（一）研究概况

棉花除草机器人存在识别准确率低的问题，因此在除草过程中棉花除草机器人常将棉花植株误判为杂草，将其除掉，导致棉田缺苗，需大面积人工补栽。针对棉田棉花与杂草的识别问题，文静对棉花除草机器人的植物叶片分类识别算法进行了研究。

（二）关键技术

棉花除草机器人关键技术研究包括图像采集、图像预处理、图像特征提取和训练分类算法 4 个步骤，其流程图如图 3-15 所示。

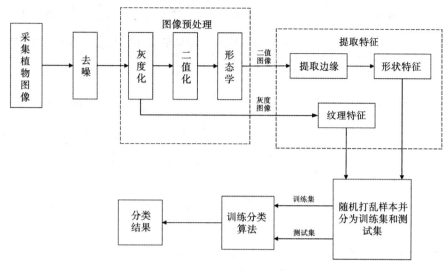

图 3-15　研究流程图

1. 棉花与杂草叶片预处理

使用加权平均法将棉花和杂草叶片 RGB 彩色图像转换为灰度图，从而避免叶片颜色信息的干扰，如图 3-16 所示。

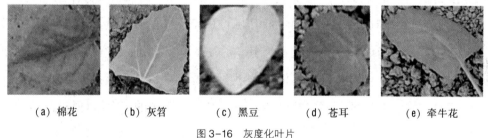

（a）棉花　　　（b）灰苋　　　（c）黑豆　　　（d）苍耳　　　（e）牵牛花

图 3-16　灰度化叶片

其中，加权平均法如下所示。

$$Gray = 0.299 \times R + 0.578 \times G + 0.114 \times B$$

使用全局阈值法对灰度化处理后的图像进行二值化处理，并通过 Otsu 法来选择阈值，规定大于阈值 Threshold=178 的像素点为黑色，其余的为白色，对部分数据进行二值化处理结果如图 3-17。

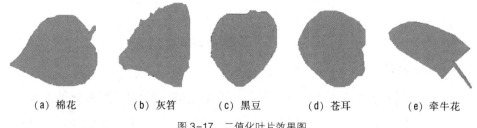

（a）棉花　　　（b）灰苋　　　（c）黑豆　　　（d）苍耳　　　（e）牵牛花

图 3-17　二值化叶片效果图

37

对处理后的图像进行形态学分析时，先对图像进行闭运算以消除白色孔洞，再进行开运算以将图像轮廓变得平滑。经过上述操作后，可使用二值图像边缘跟踪法获取叶片边缘，根据二值图像边缘跟踪法提取到的样本轮廓图如图3-18 所示。

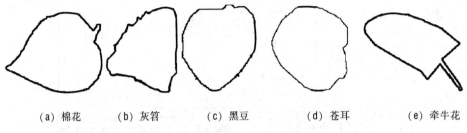

(a) 棉花　　(b) 灰答　　(c) 黑豆　　(d) 苍耳　　(e) 牵牛花

图3-18　叶片边缘效果图

2. 植物叶片特征提取

叶片的特征提取是植物分类的主要依据，将样本使用二值图像边缘跟踪法提取边缘后，分别按下式计算杂草和棉花叶片的长宽比、矩形度、致密度和圆形度并将它们作为图像的形状特征。它们的相对值不变，其中，致密度表示区域单位面积周长的大小，致密度越大表明单位面积的周长越大，即区域离散，则为复杂形状。经过比较发现棉花叶片图像的7个 Hu 不变矩经过各种变换都不会影响其7个矩的大小，因此选择其7个 Hu 不变矩作为特征进行分类是合理可行的。灰度共生矩阵常用来描述数字图像的纹理特征，将基于灰度共生矩阵的能量、熵、对比度、相关性、逆差矩最终作为图像的5个纹理特征。

$$长宽比：AspectRatio = \frac{height_{bounding-box}}{width_{bounding-box}}$$

$$矩形度：Rectangularity = \frac{Area_{object}}{Area_{bounding-box}}$$

$$致密度：Consistency = \frac{Perimeter_{object}^{2}}{Area_{object}}$$

$$圆形度：Circularity = \frac{Radius_{incircle}}{Radius_{excircle}}$$

3. 分类方法

对图像进行处理后分别进行 k 近邻分类识别法、BP 神经网络分类识别法和支持向量机识别算法。利用上述4个形状特征、7个 Hu 不变矩特征和5个纹理

特征进行 k 近邻分类识别法分析，发现当 $k=5$ 时，k 近邻分类识别法的分类准确率最高，为 92.07%，k 值对分类准确率的影响如图 3-19 所示。

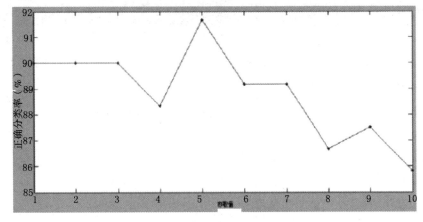

图 3-19　k 近邻分类识别法准确率

选择 R 语言中的 neuralnet 函数，将隐藏层设置 64 个神经元，优化算法采用 "rprop+"，损失函数为 "SSE"，激活函数为 "logistics"，发现当迭代到500 次后准确率几乎不变，BP 神经网络分类的迭代结果如表 3-5 所示。

表 3-5　BP 神经网络分类的迭代结果

迭代次数	训练时间	分类准确率
100	122. 155	78.30%
200	239. 893	82.67%
300	373. 821	84.35%
500	619. 221	87.28%
700	863. 021	87.94%
800	1 022. 391	87.45%

进行支持向量机分类时，首先对数据进行归一化处理，然后选择高斯核函数，设置惩罚系数 C，以及 $Gamma$ 训练支持向量机，进行交叉验证得到如表3-6 的结果。选择准确率最高的组合 $C=3$，$Gamma=0.5$ 的训练模型作为最终模型。

表 3-6 支持向量机分类交叉验证结果

核函数	C	Gamma	准确率	训练用时/s
Gauss	1	0.05	94.11%	12.8
Gauss	1	0.25	94.03%	13.2
Gauss	1	0.5	96.34%	12.7
Gauss	2	0.05	93.23%	13.0
Gauss	2	0.25	98.50%	12.9
Gauss	2	0.5	95.50%	12.9
Gauss	3	0.05	94.56%	13.1
Gauss	3	0.25	95.32%	12.7
Gauss	3	0.5	98.81%	13.3

三种算法实验结果比较如表3-7，发现支持向量机模型的识别准确率最高，可达98.81%，且消耗时间最短，仅需0.73s。因此，棉花和杂草识别应采用支持向量机算法。

表 3-7 三种算法比较结果

比较内容	k 近邻分类	BP 神经网络分类	支持向量机分类
准确率	92.07%	87.94%	98.81%
消耗时间/s	1.23	0.89	0.73

四、果园除草机器人

（一）研究概况

随着农业产业结构的调整，果树规模化种植已经成为现代农业发展的必然趋势，果园种植面积的增加导致果园管理的工作量也迅速增长，使用传统的镰刀或背负式割草机进行作业，劳动强度大，作业效率低，还可能耽误农时，影响果品质量及销售。因此，使用除草机械代替传统的除草作业方式，提高工作效率，实现果园机械化管理，已经成为果园发展的必然趋势。许杰对新型果园除草机器人的机械结构和控制系统进行了研究。

（二）关键技术

1.除草机器人悬架结构

轮式机器人的结构简单、机动性好，且其他移动机器人在果园中作业时缺陷明显，所以果园除草机器人采用后面一个轮驱动、前面两个轮联动并负责转向的三轮式移动机构。果园中地形复杂，机器人在工作时会受到障碍物的交叉冲击，造成机器人行走不稳等问题，可以通过增加减震装置改善这个问题。基于此，机器人采用带有减震装置的麦弗逊式独立悬架机构，前轮结构如图3-20所示。通过机器人在不同地形的果园中作业时的试验说明了悬架结构对保持机器人的平稳性作用明显。

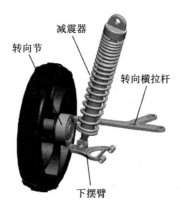

图3-20 机器人前轮结构示意图

2.除草机器人的除草机构

结构简单、动作方便的除草机构可以提高除草机器人作业效率。如图3-21所示的除草机构中，丝杠滑台机构可以和滑块导轨共同作用调节升降架的高度，满足作业需要，转角电机驱动下除草执行器角度的改变可以实现割草和断根除草两种功能的切换。通过仿真实验，发现机器人的行驶速度与刀盘的旋转角速度成正比，应及时根据机器人行动速度调整刀片选择角速度；在满足除草作业要求的情况下应尽量缩短刀片长度，增强刀片厚度；在满足强度和切削要求的情况下，应优选圆弧形平面割刀片。

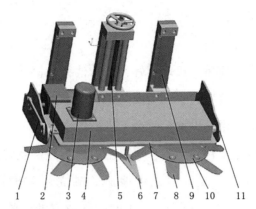

1. 平面四连杆机构　2. 转角电机　3. 除草刀盘驱动电机　4. 齿轮箱　5. 丝杠滑台机构

6. 分禾器　7. 转角平板　8. 除草刀片　9. 滑块导轨　10. 除草刀盘　11. 升降架

图 3-21　除草机构结构图

3. 除草机器人的整体结构

基于果园种植特点和园艺要求，设计除草机器人的整体结构如图 3-22 所示。机器人作业时，在行走驱动电机的作用下机器人在果树间行走；采用割草作业模式时，调节好除草刀盘离地高度，除草电机带动除草刀盘完成作业；采用断根除草模式时，调节好除草刀盘高度后，在转角电机驱动下，刀片前部与地面平行割草，后部与地面呈一定夹角伸入地下切断草根；避障或转弯动作在转向电机的驱动下完成。

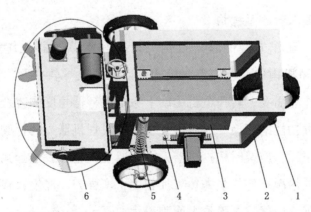

1. 驱动电机　2. 机器人本体　3. 动力电池组　4. 转向机构　5. 悬架机构　6. 除草机构

图 3-22　除草机器人的整体结构图

4. 除草机器人的控制系统设计

果园除草机器人具有行走、除草、远程遥控等功能，控制系统就是实现这些功能的关键部分，图 3-23 所示即为机器人整体控制的框图。

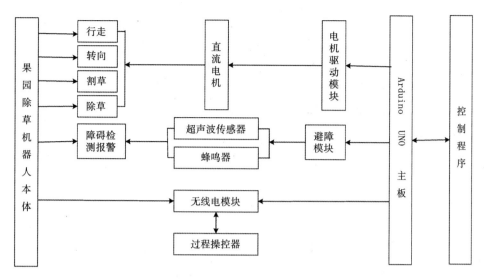

图 3-23　除草机器人的整体控制框图

机器人实现行走、转向和除草功能时，主板接受远程控制器发出的命令，判断后传给相应的电机驱动模块，驱动电机完成指令动作。控制流程图如图3-24所示。

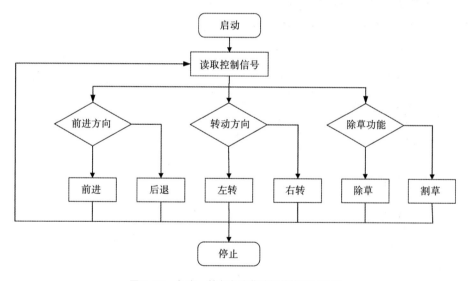

图 3-24　行走、转向和除草功能的控制流程图

在果园中作业过程中，机器人遇到障碍物时，快速准确地躲避障碍物有利于提高机器人工作效率。避障检测报警的控制流程图如图3-25所示。当超声波传感器检测到小于安全距离的障碍时，蜂鸣器报警，机器人避障。

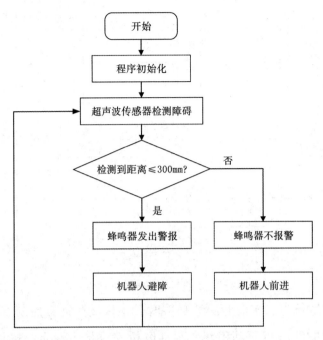

图 3-25　避障检测报警控制流图

　　无线电模块是接收远程控制器的指令信号并向机器人发出动作指令的关键部位，无线电模块的控制流程如图 3-26 所示。

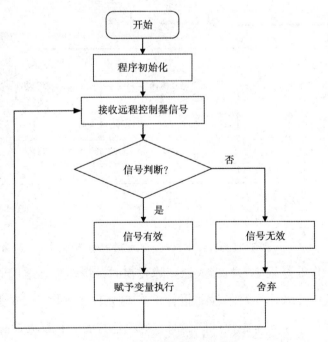

图 3-26　无线电模块控制流程图

第二节　植保机器人

一、多功能植保机器人

（一）研究概况

植物保护机械化、农药技术和防治技术是化学防治的三大支柱。可高效防治病虫害的植保机械是农业发展的必然产物，现代化农业生产的发展也对植保机械表现出了依赖性。随着农业的高速发展，对生态环境的保护也越来越重视，这就对植保机械提出了更高更严的要求，因此，张岩对植保机器人多功能作业的关键技术展开了研究，分别完成了机械设计和控制系统设计。此后，夏祥孟对植保机器人的全局路径规划方法进行了研究。

（二）关键技术

1. 喷药单元设计

如图 3-27 所示的喷药模块用于实现喷药作业，喷药作业是为了均匀喷洒药物，使得喷药量随着机器人行走速度而改变。喷药量与输药管内的药物流量成正比，通过改变电磁阀开闭时间可以实现流量的改变。作业时，先根据农作物面积与作物情况设定总喷药量，控制器计算喷药密度，并根据喷嘴数量调整喷药速度，通过流量传感器监测流量，作业流程如图 3-28 所示。

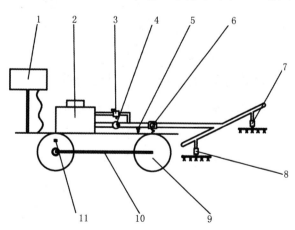

1. 人机界面　2. 药箱　3. 溢流阀　4. 药泵　5. 流量传感器　6. 压力传感器

7. 电磁阀　8. 喷嘴　9. 车轮　10. 轮轴　11. 速度传感器

图 3-27　喷药模块结构示意图

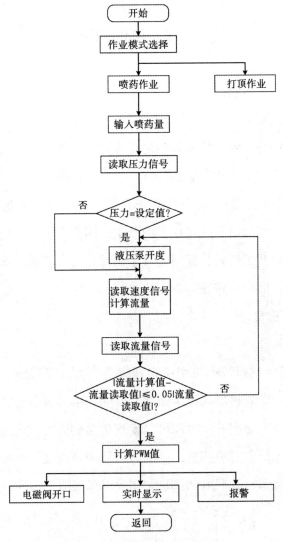

图 3-28　喷药模块作业流程图

喷药臂是实现喷药作业的关键部位，主升降台带动喷药臂完成升降工作，实现任意高度的作物喷洒作业。主升降台可以实现和打顶装置的快速转换；通过喷药臂大臂调整油缸调整喷药臂大臂的姿态，可以使喷药作业具有更强的适应性；位于喷药装置末端的喷药臂小臂提高了喷药作业效率，通过喷药臂小臂调整油缸解决喷药臂小臂抖动问题。药液从如图 3-29 所示的喷嘴中喷出落在作物上，喷嘴位置过高会影响药液利用率，喷嘴位置过低会影响喷药效果，因此需要将喷嘴调整至适宜高度进行喷药作业，经过试验验证该喷药系统具有可靠性。

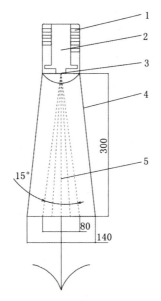

1. 安装螺纹 2. 电磁阀喷嘴 3. 喷头 4. 放风罩 5. 喷雾

图 3-29 喷嘴结构示意图（单位：mm）

2.打顶单元设计

如图 3-30 所示的打顶机械结构是完成打顶作业的关键部位，打顶作业是为了精准、高效地打掉植物顶端，使其横向生长。作业时，先识别、定位作物顶部，再通过打顶刀的高速旋转完成作业。采用光电传感器检测作物顶部，通过不断调整打顶平台的位置直到光电检测装置上方的光电开关不被遮挡时开始作业。当光电传感器停止检测时，拨杆将作物顶部向中间聚拢，通过高速旋转的刀片切掉作物顶部，流程图如 3-31 所示，其中 X06、X07 分别代表光电检测装置中的上限传感器和下限传感器，通过试验验证了打顶系统的精准度和可靠性。

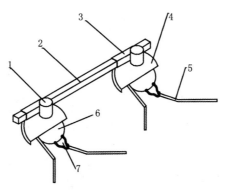

1. 液压马达 2. 支撑梁 3. 支撑座 4. 护罩 5. 拨杆 6. 刀盘 7. 刀片

图 3-30 打顶机械结构图

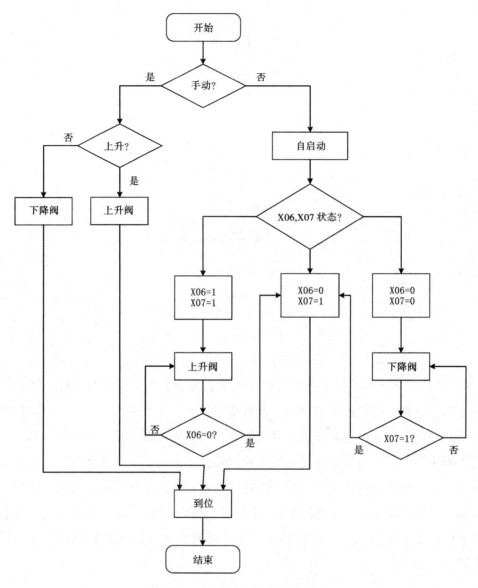

图 3-31　打顶控制系统的工作流程图

3. 液压驱动系统

液压传动的平稳性较高、驱动力较大，在复杂的作业环境中稳定性高，优于电气传动。液压驱动系统作用于机器人行走，可实现机器人防滑和小半径转向等动作；作用于喷药臂动作，可实现喷药臂升降、大小臂折叠等动作；作用于打顶装置动作，可实现打顶装置的伸缩和升降。

4. 全局路径规划方法

基于喷洒作业的最优路径可提高植保机器人的工作效率，通过对栅格法、构型空间法和可视图法的分析比较，发现上述方法仅适用于小范围室内建图，基于百度地图的路径规划可以解决上述问题。植保机器人在田间自动作业开始前，根据地块形状、垄行间距和机具幅宽等信息，确定行驶的初始边界、行驶间隔及最终边界。一般来说，植保机器人的行驶路线主要有如图 3-32 所示的 S 形路线、回转性路线及间隔 S 形路线。

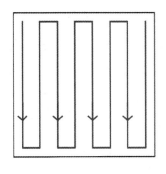 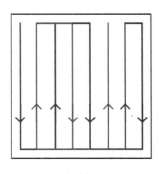

（a）S 形路线　　　　　　（b）回转性路线　　　　　（c）间隔 S 形路线

图 3-32　植保机器人行驶路线

从图中可以发现，S 形路线的规划行驶路线最为简单，没有路线重叠和停顿，且转弯次数最少；而回转性路线和间隔 S 形路线的行驶路线有重叠，转弯次数增多，因此 S 形路线为路径规划最优选择。如图 3-33 所示的路径规划图，植保机器人作业起始线为 AB，结束线为 CD。根据垄行间隔或农具作业幅宽等参数，生成机器人作业的目标航线，利用导航线与植保机器人当前位置及偏航角的关系，通过路径追踪模型控制算法，使植保机器人按照规划路径自主完成作业。而后将其转化为平面直角坐标，经 WGS-84 坐标转换为百度坐标，显示于百度地图，最终完成 S 形路径规划。

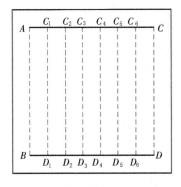 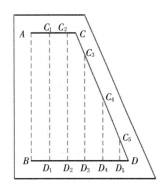

（a）规则路径规划　　　　　　　　　　（b）非规则路径规划

图 3-33　路径规划图

二、植保无人机

（一）研究概况

近年来，我国农业航空产业发展迅速，特别是农业航空重要组成之一的植保无人机的迅猛发展和应用引起了人们的广泛关注。植保无人机航空施药作业作为国内新型植保作业方式，与传统的人工施药和地面机械施药方法相比，具有作业效率高、成本低、农药利用率高等特点，可有效解决高秆作物、水田和丘陵山地人工和地面机械作业难以下地等问题，是应对大面积突发性病虫害防治，缓解由于城镇化发展带来的农村劳动力不足，减少农药对操作人员的伤害等问题的有效方式。与有人驾驶固定翼飞机和直升机相比，植保无人机具有机动灵活、不需要专用的起降机场等优势，特别适用于我国田块小、田块分散的地域和民居稠密的农业区域；且植保无人机采用低空低量喷施方式，旋翼产生的向下气流有助于增加雾滴对作物的穿透性，防治效果相比人工与机械喷施方式提高了15%～35%。因此，植保无人机航空喷施已成为减少农药用量、降低农药残留和提升农药防效的新型有力手段。王东结合GNSS导航技术，提出基于GNSS-视觉组合的无人机作业水平航迹控制方法，研发了无人机自主导航控制系统，并对系统性能进行实地试验验证。

（二）关键技术

1.四旋翼无人机结构与原理

四旋翼无人机主要由飞控、机架、电机、螺旋桨（旋翼）等构成，其飞行模式有"+"模式和"x"模式2种，如图3-34所示。两组电机对角布置，旋向相反。

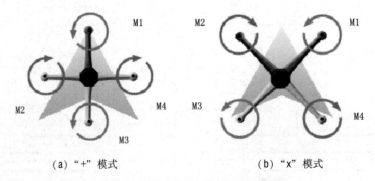

（a）"+"模式　　　　　　　（b）"x"模式

图3-34　四旋翼无人机的2种飞行模式

四旋翼无人机可以垂直起降，其飞行高度和姿态是由4个螺旋桨的转速变化控制的，常用的控制算法有四元数算法、PID算法和反步法等。四旋翼无人机的控制分为前进、后退、左平飞、右平飞、上升、下降、左旋转、右旋转等8种动作，可整合为前后、左右、升降、俯仰、滚转和偏航等6种飞行状态。当四旋翼无人机4个螺旋桨转速相同时，4个螺旋桨产生的升力相同，根据合外力的大小，可控制无人机的升降和悬停动作；当相邻两对旋桨的转速不同时，4个螺旋桨的升力不同，会导致无人机机架方向发生倾斜，控制电机转速保持倾斜角度不变，则无人机会向前、后、左、右4个方向运动；当无人机对角电机转速相同、相邻电机转速不同时，4个螺旋桨产生扭矩不同，会使无人机产生旋转，从而实现无人机的左右偏航运动。而其中前后和俯仰原理相同，左右和滚转原理相同，各飞行状态原理图如图3-35所示。

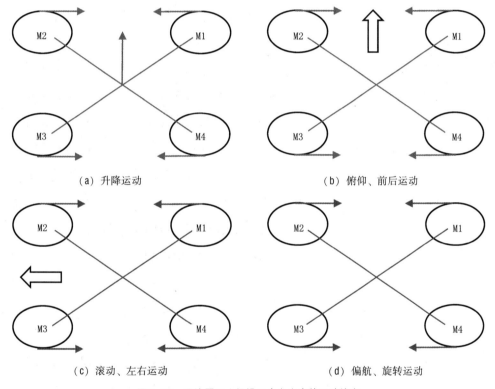

（a）升降运动　　　　　　　　　（b）俯仰、前后运动

（c）滚动、左右运动　　　　　　　　（d）偏航、旋转运动

图 3-35　四旋翼无人机沿6个自由度的运动状态

图 3-35（a）中，M1、M2、M3、M4 电机以一定的相同转速同时转动，当升力大于（小于）无人机自身重力时，完成无人机上升（下降）动作；而当升力等于无人机自重时，完成无人机悬停动作。

图 3-35（b）中，M1、M2 电机转速减小（增大），M3、M4 电机转速增大（减小），无人机后边的升力大于（小于）前边的升力，实现无人机前俯（后仰），完成无人机前进（后退）动作。

图 3-35 (c) 中，M2、M3 电机转速减小（增大），M1、M4 电机转速增大（减小），无人机右边的升力大于（小于）左边的升力，无人机左滚转并向左飞行（右滚转并向右飞行）。

图 3-35 (d) 中，M2、M4 电机转速减小（增大），M1、M3 电机转速增大（减小），M1、M3 螺旋桨对机身的扭矩大于（小于）M2、M4 螺旋桨对机身的扭矩，实现无人机右（左）偏航。

2.植保无人机视觉卫星组合式定位

四旋翼无人机具有高度灵活性，在人工飞行时对于操作员的水平要求较高。近年来，市面上已出现大量带有自主规划航迹的无人机飞行控制器，操作员只要在地图中选定无人机需要经过的航点和目标动作即可在飞控的地面控制站中自动生成飞行轨迹，无人机依照此轨迹完成自主飞行。

自主飞行时无人机飞控需要对轨迹进行实时记录，并以此来作为判断当前时刻无人机是否偏离了规划路径，从而控制无人机做出相对应的如偏航等动作，这就需要对无人机的飞行进行实时的高精度定位。全球导航卫星系统（Global Navigation Satellite System）是常用的定位方式，目前运行的卫星包括北斗、GPS、GLONASS、Galileo。在民用领域，卫星单点定位的精度多为米级，往往无法达到精细农业作业的使用要求，为保证定位精度，往往采用RTK-GNSS 装置进行经纬度信息的获取，使用差分定位时，精度可达厘米级别。差分定位时，要求使用到基准站和活动站，其中基准站位置保持固定，并输出RTCM 信息，活动站接收到 RTCM 信息后对该信息进行差分定位解算，并输出差分后的 NEMA0183 信息，用户可从 NEMA 语句中提取需要使用到的信息如经纬度、速度、时间、航向角等。

我国丘陵山地约占国土总面积的 43%。同平原相比，丘陵山地不仅地形起伏多变，且田块碎小、形状各异。丘陵山地多以经济林果为主栽对象，果树沿坡地等高线种植，果树行多为曲线，同大田作物相比覆盖率较低，因此对航迹控制精度要求更高。在 GNSS 导航过程中，如果以果树行首尾位置的经纬度为定位点导航，无人机以两定位点之间的直线飞行，则会错过其中不在直线航迹上的果树，无法实现植保作业的果树遍历飞行要求。相反，如果以单株果树为定位点，则定位点过密，同时受 GNSS 系统刷新频率限制，以及无人机在飞行过程中受到的速度、侧风等因素的干扰，极容易错过当前目标点，导致无人机需要反复移动以到达目标点，这样反而会降低无人机的工作效率。因此，需使用GNSS-视觉组合对无人机进行曲线的航迹控制，控制方案为：在行间使用GNSS导航，当飞控确认飞机已经进入至某一工作行时，切换为视觉导航，并通过图像处理手段完成飞行曲线的实时生成，并控制无人机转动相应偏航角，完成行内曲线作业。

3.航迹控制系统框架

航迹控制系统由无人机飞行平台和地面控制站两部分组成。其中无人机飞行平台中，除飞行器外，搭载有GNSS移动站、内环飞控模块、电子罗盘模块、数传模块、云台、RGB相机、无线图传发射模块和电源；地面控制站包括GNSS基站、飞行控制模块、笔记本电脑、无线图传接收模块以及视频采集模块。其整体结构如图3-36所示。

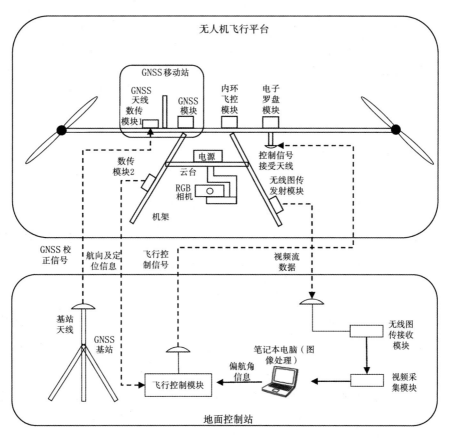

图3-36 控制系统整体结构图

为了获得差分定位解，无人机需要使用两个天线来分别获得活动站的卫星信号和基站的GNSS校正信号，同时还需要一根天线来获得地面控制站的控制信号，3 根信号线所组成的 GNSS 系统整体布局方式如图 3-37 所示。

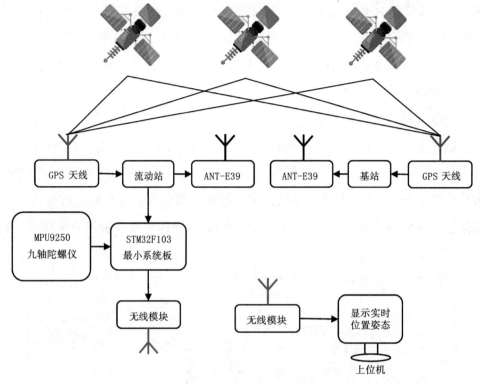

图 3-37　GNSS 系统整体框架

4.基于机器视觉的果树识别与分割方法

差分定位装置能够提高定位精度，为了加强无人机在曲线环境下的工作灵活性，需使用机器视觉对工作行内的果树进行识别与分割。

图像分割就是将一幅图像分解成若干个相互没有交集的区域，每个区域内的所有像素点都可以相互连通，且区域内具有某种相同或相近的特性，不同区域间的图像特性变化明显，在不同区域的分界面处的图像特性变化非常剧烈。在进行分割之前需要确定图像处理所使用的空间，在果树识别系统中使用了RGB 颜色空间，该方法可以表示人眼可见的所有颜色，也是目前使用最广泛的颜色表示方法之一。

对于绿色植株的识别通常会使用到过绿特征（Excess Green，2G-R-B）。但是由于地面往往含有杂草等其他绿色物体，所以使用该方案无法准确提取果树轮廓，过绿特征的提取如图 3-38 所示。

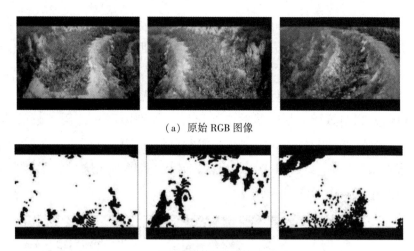

（a）原始 RGB 图像

（b）过绿特征处理结果

图 3-38　果树行的图像处理结果

有研究表明，最优线性组合识别方法可对视频进行快速处理，因此本文基于线性组合方法进行果树行提取，该线性组合式为：

$$y = aR + bG + cB$$

其中，a、b、c 分别为 R、G、B 分量的系数，y 为 3 个分量的线性组合结果，在线性化之后，需要再对 y 进行 0~255 的映射处理，处理为灰度后的图片以 127 为分界点，被识别为果树的地方标注为白色，其余地方为黑色，对于 y 的映射处理公式如下：

$$y^* = 255\frac{y - y_{min}}{y_{max} - y_{min}}$$

式中，y^* 为映射处理后的数值。

在提取结束后，还需对图像进行一定的处理，主要分为去除噪声和图像形态学处理。在去除噪声时，采用了中值滤波进行去噪。去除噪声后，图像形态学处理方面，采用了膨胀腐蚀填充其中的孔洞，应注意，对于不同大小的图像其内核大小应取不同值。

最终提取的果树行效果如图 3-39 所示：

图 3-39　线性组合处理效果

5.航迹拟合方法

在提取完果树轮廓后，需要对提取出的轮廓进行航迹拟合计算，用于计算无人机的偏航角，该角度可以通过数传发送给无人机飞控并指导无人机在工作行内的微转向等操作，使飞行轨迹更精确贴合果树种植的曲线。

在得到分割图像后，从图像的中线出发，分别向左右遍历，记录其位置，获得向左右分别遇到的第一个值为0的像素点的时候结束记录，然后计算左右的记录值重点位置作为果树的树冠中心点。以一张提取轮廓后的图像为例，将提取到的拟合点连接如图3-40所示。

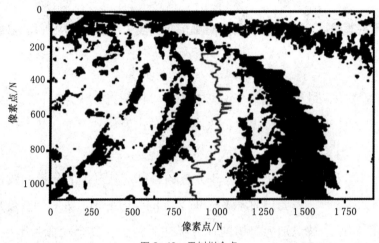

图3-40　果树拟合点

拟合后的图像采用Python语言numpy库中的polyfit二次曲线拟合函数进行离散点的曲线拟合，从而生成无人机的航迹。经过以上各个步骤，可以提取出无人机在当前时刻的航迹曲线，通过航迹曲线和图像中线的比较即可得出所需偏航角，效果如图3-41所示。

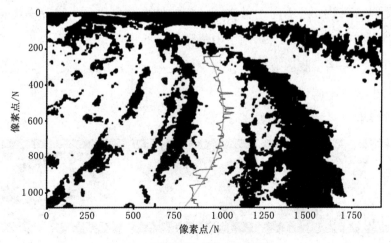

图3-41　根据拟合点拟合出的曲线结果

在无人机飞行时，使用 RGB 相机来实时获取图像，并通过无线图传将数据传递给地面站，地面站经过视频采集卡后将视频传入电脑并使用 OpenCV 进行处理，处理后得到的偏航角信号传输给无人机飞控，飞控使用 PID 等调节算法对无人机进行调节，实现视觉导航。果树行提取算法的整体流程如图 3-42 所示。

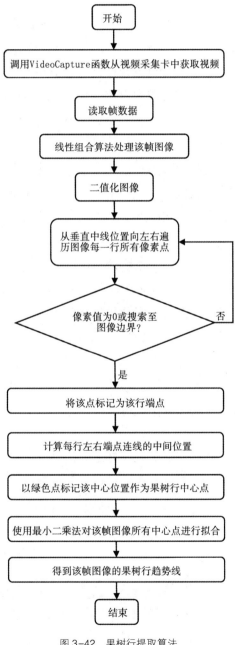

图 3-42　果树行提取算法

6. 双目视觉飞行高度仿形

由于风速、风向等因素的影响，航空植保作业中药液飘移现象严重，喷头距靶标距离成为影响农药喷雾效果的重要因素，其高度控制优劣直接关系着植保作业效果，以及农作物产量与品质。由于果树的高度各不相同，为了让每株果树都能够最大限度地利用无人机喷洒的药剂，需要让无人机对植株的高度进行判断从而令其工作于合适高度。

使用双目视觉的原因是相对于传统单目摄像机它能够记录图像的深度信息，进而用该信息来判断树冠的高度。该方法以双目视觉中立体匹配得到的深度图为对象，通过对深度图进行频数统计，从而获取作物冠层区域的深度分布信息，并将频数最大处的深度值作为冠层与无人机的平均间距。通常，一个完整的双目立体视觉系统主要由5个部分组成，即目标图像获取、相机标定、特征检测、立体匹配、重映射。

相机的标定通常使用特制的标定板来完成，标定板的选取需要保证能为相机提供准确的角点信息，这些角点就是指三维物理空间中的实际点，通过计算这些角点的三维空间坐标与其在图像平面中的二维坐标之间的对应关系来计算相机的内、外参数。

立体匹配的基本任务，就是求出物理空间三维坐标点在一图像平面上的投影点（像点），同时搜索该三维坐标点在另一图像平面上的对应投影点，从而获取像点视差，进行多点搜索后，获得目标物体的视差图。在确定两相机之间的基线距离条件下，通过三角相似原理，确定深度与视差之间的关系，求取三维场景中目标物体的深度信息。

立体匹配算法的精度和实时性，在建立深度图、提取有效信息的过程中起着决定作用。常用的立体匹配算法如表3-8所示。

表3-8 立体匹配算法总结

算法名称	分类	实现步骤	原理	优缺点
局部匹配算法	区域匹配 特征匹配 相位匹配		选取单个像素及其邻域像素进行匹配	模型简单，速度快，匹配精度较低
全局匹配算法	图像分割匹配 置信传播匹配 动态规划匹配	能量函数表达，求取最小视差	以全局优化的方式求取视差	匹配精度较高，计算复杂度高，实时性差

通过立体匹配算法求出立体图像的视差图之后，还不能为空间定位提供足够的信息，要实现空间定位的功能，还需要物理空间的三维坐标点，图像平面的二维坐标点本质就是三维坐标点按照一定数学关系所变换的映射。根据双目立体视觉基础理论，可以发现这一映射关系可以用 4×4 重投影矩阵 Q 来描述，公式如下，如果给定视差 d 和图像平面二维坐标点 (x, y)，就能根据重投影矩阵计算 3D 深度。

$$Q \begin{bmatrix} x \\ y \\ d \\ 1 \end{bmatrix} = \begin{bmatrix} X \\ Y \\ Z \\ W \end{bmatrix}$$

其中，Q 矩阵为 $\begin{bmatrix} 1 & 0 & 0 & -c_x \\ 0 & 1 & 0 & -c_y \\ 0 & 0 & 1 & f \\ 0 & 0 & -T_x & \dfrac{c_x - c'_x}{T_x} \end{bmatrix}$，$c_x$、$c_y$ 为左相机主点在图像中

的坐标，f 为焦距，T_x 为投影中心点的平移量，c'_x 为右相机主点在图像中的坐标。

　　输入二维图像和相机参数后，可以得到三维坐标 $(X/W, Y/W, Z/W)$，该投影过程使用 OpenCV 完成，使用到了 ReprojectImageTo3D 函数，输入固定视差图 disparityImage，利用重投影矩阵 Q，将每个像素的坐标和视差转换为物理空间三维坐标点，输出相同大小的图像。通过重投影获得的三维坐标点集便是一组三维点云数据，通过这组三维点云数据可以识别离相机最近的物体，进一步地判断无人机的合理飞行高度。对飞行高度的控制流程图如图 3-43 所示。

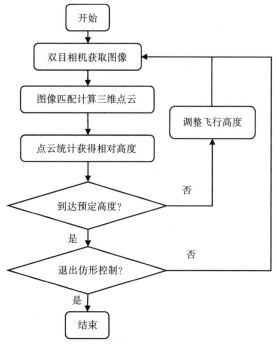

图 3-43　高度仿形系统控制流程图

由于测距模块主要完成三维点云数据处理以得到有效距离值，三维点云信息量大，普通处理器处理速度慢，无法满足无人机仿形飞行控制需求，因此采用 LattePanda 开发板处理双目测距相机采集的三维点云数据，所使用到的硬件如图 3-44 所示。

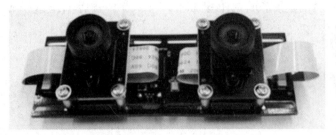

（a）双目测距模块　　　　　　　　　　　（b）LattePande 开发板

图 3-44　双目测距模块

将上述 GNSS-视觉组合导航系统和双目视觉高度仿形系统安装至工作无人机上，选取地点进行试验，最终得出导航误差结果适应导航控制系统的航迹控制，误差范围在-47～42cm，绝对误差的平均值为 19cm。各个果树的导航误差如图 3-45 所示。由于苹果树的冠层直径为 300cm 左右，能够满足无人机果树植保作业的要求。

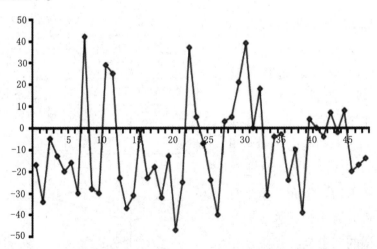

图 3-45　导航误差结果（单位：cm）

第三节 灌溉机器人

（一）研究概况

随着农业的快速发展，采用轮式智能移动平台自主采集环境信息并处理，完成自主行走与灌溉作业显现出越来越重要的作用。灌溉机器人不仅可以提高劳动效率，提高作业准确性，还可以有效利用水、肥等资源，保护环境。因此，研究低成本、性能稳定、实用性较强的机器人是十分重要的。定位技术和控制技术是灌溉机器人研究的关键技术，本节将主要介绍草坪灌溉机器人的控制技术和定位技术的研究，基于可编程逻辑控制器的银杏园智能灌溉机器人的设计。

（二）关键技术

1.草坪灌溉机器人的控制技术和定位技术研究

贺晓龙和朱克武对三轮差动转向式移动机器人进行了研究，该机器人前轮为万向自由轮，仅起支撑作用；后面的两个轮子为相互独立的驱动轮。三个轮子按照等腰三角形分布，有利于车体的自由转向。转弯与直线的控制在机器人进行灌溉作业时是非常重要的。转弯的角度根据磁感应传感器检测出的两轮反向走过的弧线位移进行计算，直线跟踪控制采用模糊控制。AVR单片机是控制系统的核心控制器，通过事先建立的土壤渗漏识别模型与入渗深度预测模型，采集由湿度传感器检测土壤的水分情况，利用识别模

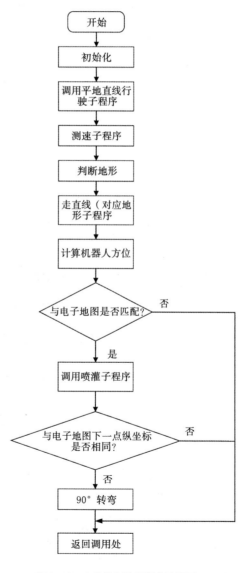

图 3-46 自动控制处理程序流程图

型和预测模型进行分析，得出结果发出控制信息，继电器控制电磁阀动作完成灌溉作业，实现灌溉系统的自动控制。灌溉机器人通过如图 3-46 所示的自动控制处理程序流程图完成灌溉作业。

采用相对定位技术，在草坪规划好的栅格中进行定位，定时计数器 T0 和 T1 接收霍尔传感器的脉冲信号用于车轮角速度检测，定时计数器 T2 口产生 PWM 信号对电机调速，由测得的车轮角速度计算出车轮位移和两车轮的位移差，将差值传给前向通道，前向通道中的控制器采用模糊控制。电机控制系统框图如图 3-47 所示，该控制方法既简化了控制过程，又提高了控制精度。

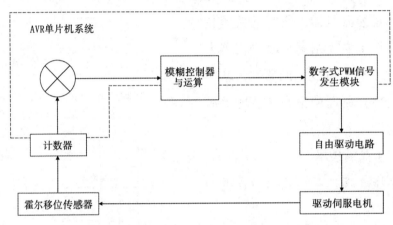

图 3-47　电机控制系统框图

2. 基于可编程逻辑控制器的银杏园智能灌溉机器人设计

李杜等设计了一种基于可编程逻辑控制器的叶用银杏园智能灌溉机器人，机器人结构如图 3-48 所示，该机器人可以智能控制，定时、定量给银杏补水。

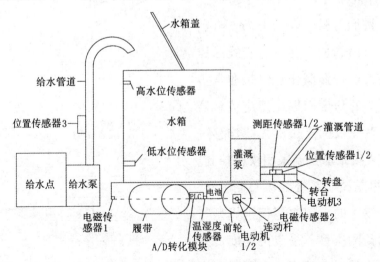

图 3-48　灌溉机器人结构图

控制原理如图 3-49 所示，采用 PLC 作为控制器，将收集到的数字输入信号传给 PLC 处理后，得到控制信号，经中间继电器作用于机器人各部位。在灌溉路线上铺设可发出电磁信号的电磁引导线，机器人作业时，PLC 将采集到的电磁信号进行处理，以装在机器人两端的电磁传感器采集到的引导线信号为依据，控制机器人运动；通过水位传感器检测水箱中水量变化，根据位置传感器判断机器人是否位于给水位置，PLC 综合两种信号进行分析，控制水箱补水；当测距传感器检测到附近有树木时，PLC 发出机器人停止动作信号，同时控制电机带动转台和灌溉管道向着树木所在位置转动，经位置传感器检测到位后，PLC 发出电动机停止信号和灌溉泵的启动信号，开始灌溉作业，喷水时间达到设定值后，PLC 发出喷水灌溉的停止信号和继续前进的信号，直到水箱没水为止。

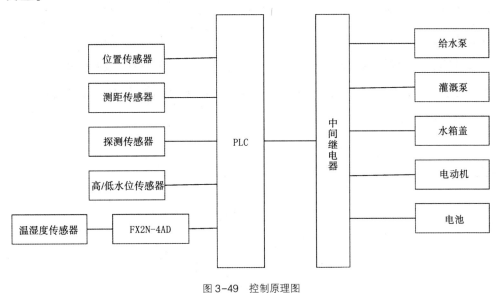

图 3-49 控制原理图

第四节　剪枝机器人

为了促进果树健康生长，保证果树各方面指标正常，必须要对果树进行合理的管理，其中剪枝就是重要的一项。同时，合理的剪枝还可以减少病虫害、减少风雪灾害、提高果树产量。目前，我国大部分地区果树剪枝依然以人工修剪为主，这种修剪方式不仅存在修剪不及时、修剪周期过长等问题，还存在机械化程度低、效率极低、需要大量的人力、安全系数低的问题。目前常用的枇杷剪枝机器人、葡萄剪枝机器人等剪枝机器人智能化程度较高，有效解决了上述问题。

一、枇杷剪枝机器人

（一）研究概况

随着生活水平的不断提高，人们对枇杷的需求量和品质要求也逐渐提高，枇杷树剪枝对枇杷果实的生长发育和质量等有重要的影响，但是随着我国人口老龄化，劳动力资源短缺，传统的修枝作业方式已不再适用，促使枇杷产业向着机械化和自动化剪枝方向发展。所以开展枇杷剪枝机器人的研究具有非常重要的意义。基于此，黄彪对枇杷剪枝机器人的关键技术进行了研究。

（二）关键技术

1. 枇杷剪枝机器人总体设计

枇杷剪枝机器人的作业对象是枇杷树冠中的枝条，要求机器人必须可以将末端执行器移动到树冠的任何位置，圆柱坐标机器人具有运动范围大和结构简单的特点，适合枇杷剪枝作业。移动平台可以使机器人穿梭于枇杷树间达到要求位置进行作业。因此，枇杷剪枝机器人由圆柱坐标机器人和移动平台共同组成，总体设计方案如图3-50所示。

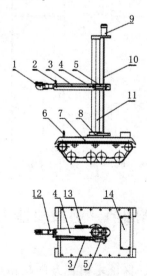

1. 末端执行器　2. 剪枝视觉系统　3. 水平移动传动单元　4. 转臂　5. 水平移动驱动单元
6. 移动视觉系统　7. 移动平台　8. 旋转关节单元　9. 垂直移动驱动单元
10. 垂直移动传动单元　11. 立柱　12. 伸缩臂　13. 旋转驱动装置　14. 控制单元

图3-50　剪枝机器人总体设计方案

2.枇杷图像特征分析

在机器人剪枝作业前，需要运用图像处理技术将枝条从复杂的背景中识别出来，为枇杷枝条的识别与定位奠定基础。枝条颜色受品种和地理位置的影响较大，所以同一地理位置、同一品种的枇杷树枝条颜色较一致，可以作为识别枝条的依据。如图 3-51 所示的图像色差分析是利用 RGB 模式对图像和背景噪声图像的 R、G、B 通道的强度值进行比较分析，其中青绿色实线代表 R 通道的强度值，黑色虚线代表 G 通道的强度值，红色点画线代表 B 通道的强度值，黑色实线代表 R 与 G 的差值，发现在 A、B、C、D、E、F 枝条区域内，超过 95% 的像素点满足 R≥G。通过如图 3-52 的枝条图像分析发现 R≥G 的枝条图像点百分比均在 90% 以上，易见其是枝条图像的重要特征。

（a）顺光枝条图像

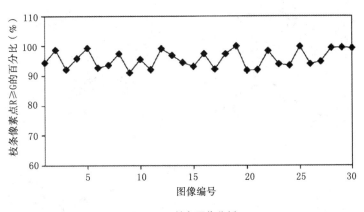

（b）黑线部分对应的强度值

图 3-51　枝条图像色差分析

图 3-52　枝条图像分析

通过图 3-53 的背景噪声分析，发现在 360 个背景噪声图像点中有 98% 的图像点满足 R≥G，因此 R≥G 是枝条图像的重要特征，为枝条图像分割提供了依据。其中，蓝色星形表示 G 通道的强度值，蓝色空心小圈表示 B 通道的强度值，红色实心方块表示 R 通道的强度值。

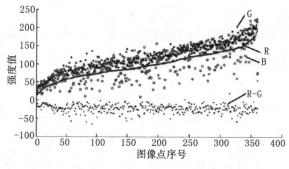

图 3-53　背景噪声分析

3. 连枝特征图像识别法

连枝特征是指每一高度的枝条在短时间内可以认为是直线生长的。枝条亮度存在明显差别，但直接对原始图像进行二值转换的效果不理想，通过对比原始图像分别进行红、绿、蓝通道转换后的二值图像，如图 3-54 所示，确定将用红色通道统一亮度转换得到的图像根据重要特征 R-G≥0 进行分割。

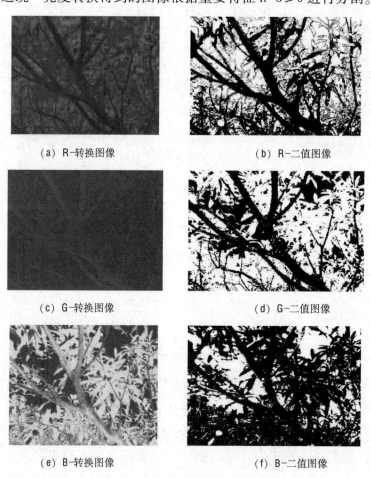

（a）R-转换图像　　　　　　（b）R-二值图像

（c）G-转换图像　　　　　　（d）G-二值图像

（e）B-转换图像　　　　　　（f）B-二值图像

图 3-54　枝条图像亮度转换

由上述内容可知，利用 R≥G 的特征进行图像分割，结果如图 3-55（a），易发现，分割后的图像存在部分背景噪声，用直方图对分割后的图像进行如图 3-56 所示的分析，发现蓝色通道前 5% 的图像元素都不是枇杷枝条图像，这些图像如图 3-55（b）所示，利用直方图消除噪声后以红色通道转换的二值图像相比背景噪声仍有差异，差异图像如图 3-55（c）所示，将二者进行叠加可进一步消除噪声，叠加后的图像如图 3-55（d）所示。

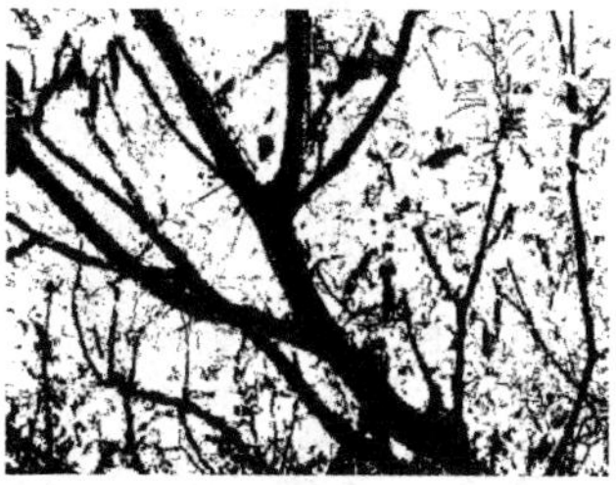

（a）色差分割图像

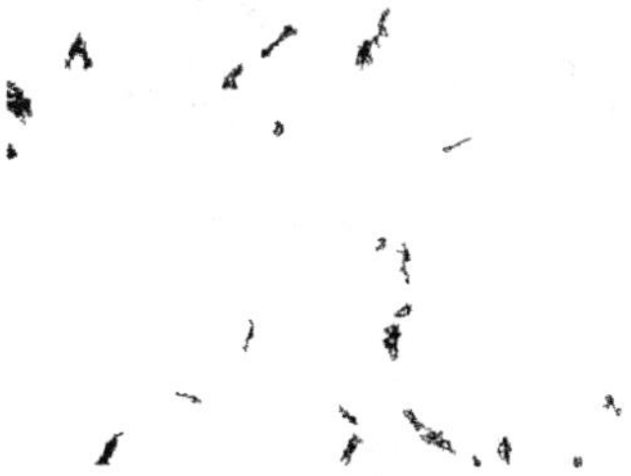

（b）噪声图像

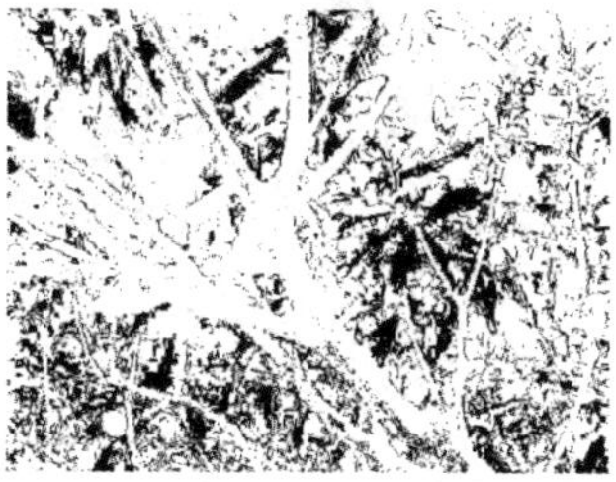

（c）差异图像

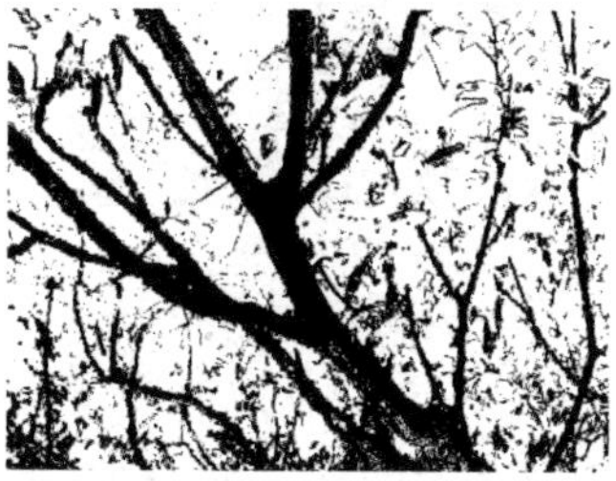

（d）去噪后图像

图 3-55　枝条图像分割过程

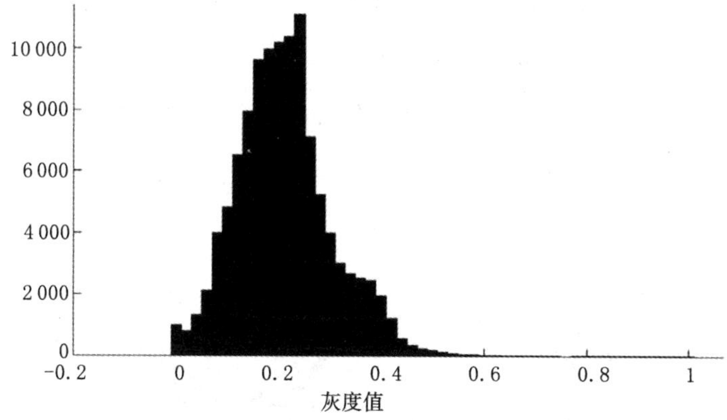

图 3-56　枇杷枝条图像直方图

图像分割虽能消除大部分噪声，但并不能满足图像识别的要求。由于叶片生长在枝条上重叠现象严重，使得这些主要来自叶片的噪声图像具有分布零散、无规则、连通面积大等特点，导致直接提取枝条特征图像十分困难。因此，将辅助图像与枝条图像多次叠加获取过渡特征图像，将所有过渡特征图像叠加最后完成特征图像的提取，特征图像的提取过程如图 3-57 所示。

(a) 间隔条纹辅助图像　　　　　　　(b) 叠加处理后的图像

(c) 过渡特征图像　　　　　　　　　(d) 枝条特征图像

图 3-57　特征图像提取过程

　　有一部分枝条图像即使通过特征图像提取后仍存在背景噪声，可利用联通面积去噪。按照连通面积小于 200 进行移除，消除噪声后的图像如图 3-58 (a) 所示。由于枇杷部分末端枝条过细或弯曲，导致部分枝条的图像元素易被误当背景噪声，使得提取到的枝条直径变小。为了提高图像的准确度，需对枝条粗度进行补偿处理。具体方法是找出在特征图像提取过程中获得的枝条图像点，并以此为中心，搜索并恢复之前被移除的枝条图像点，所得图像如图 3-58 (b) 所示。

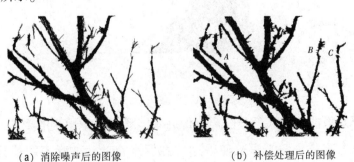

(a) 消除噪声后的图像　　　　　　　(b) 补偿处理后的图像

图 3-58　枝条图像消噪及复原图

由于叶片遮挡等，可能会出现枝条的非合理间断现象，对非合理间断进行恢复也是必不可少的。间断枝条恢复的具体步骤如下：

①利用计算机寻找间断图像起始点和终止点。间断图像起始点或终止点是指满足图像元素 $g(x, y)=0$、$g(x\pm m, y-1)=1$ 或 $g(x, y)=0$、$g(x\pm m, y+1)=1$ 所有的像素点，其中 x、y 分别指图像的横、纵坐标，m 为图像水平范围。其中，起始点和终止点如图 3-59（a）中 M、N 点所示。

②通过已经获得的坐标为 (X_i, Y_M) 的起始点 M，找出离 M 竖直高度为 h 所有的枝条图像点，其坐标记为 (X_i, Y_{M+h})，其中 $(i=1, 2, 3, \cdots)$，则所求平均位置点坐标为 (X_i, Y_{M+h})。取 $h=20$，在图 3-59（a）中，P 点为起始点 M 对应的平均位置点。

③连接并延长 P、M 到一定距离，延长线可沿 P 点做一定角度的旋转，直到找到终止点为止，保留起始点和终止点的连线，通过多次寻找和连接，直到所有起始点和终止点连接完成为止，如图 3-59（b）所示，从而实现非合理间断图像的恢复，并最终获得枇杷枝条框架，如图 3-60 所示。

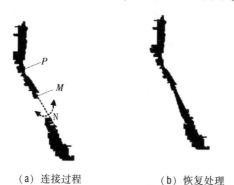

（a）连接过程　　　　　（b）恢复处理

图 3-59　间断图像的恢复过程

图 3-60　枇杷枝条框架图

枝条横切面的中心坐标和直径是枝条空间定位和剪枝的关键依据，可以利用特征图像提取时所获线段长度的数据获得枝条中心轴每个像素点对应枝条的直径，枇杷枝过渡特征图像的中心点图像如图3-61所示，其中*A*、*B*为过矩形任意直线与矩形两边的交点，*C*点为线段*AB*的中点。中点出现次数高于8时，所获得枇杷枝条中心轴图像如图3-62所示。通过试验发现枝条连枝特征图像识别法能够较准确地识别枇杷枝条，可以满足剪枝机器的要求。枝条图像识别流程图如图3-63所示。

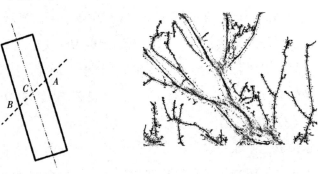

(a) 投影图像　　　　　　　　(b) 中心点图像

图3-61　枇杷枝过渡特征图像的中心点图像

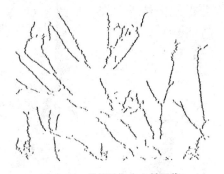

图3-62　枇杷枝条中心轴图像

4. 基于枝条边缘特征的图像识别

利用枝条连枝特征进行图像识别的计算量大、识别时间长，基于枇杷边缘特征进行图像识别的方法虽然计算量小、识别时间短，但其识别准确率比前者低。基于枇杷边缘特征图像识别的流程图如图3-63所示。采用色差特征R≥G分割图像法分割图像。在顺光和逆光环境下采集枇杷枝条图像如图3-64（a）和图3-64（b），对其分别进行OTSU自适应阈值分割和色差分割，如图3-64（c）至图3-64（f）。通过比较发现色差分割比OTSU自适应阈值分割的效果更好，能够满足后续操作要求。

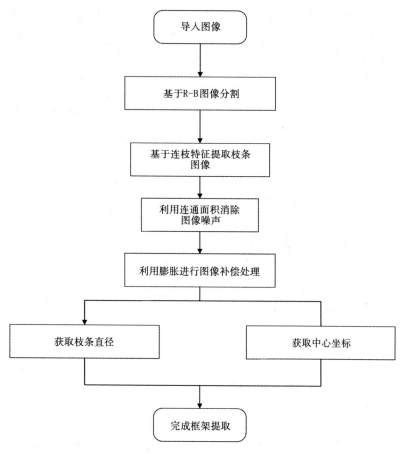

图 3-63　枝条图像识别流程图

对图像进行分割后，仍存在部分噪声，因此需要进行去噪处理。先用开运算平滑分割图像的轮廓，再断开枝条图像与背景噪声之间的狭窄连接处，然后根据联通面积消除背景噪声。处理后的枝条图像如图 3-65 所示。

在环境因素的影响下，部分枝条中部可能出现如图 3-61 中 A、B、C 所示非合理间断现象，则采用膨胀的方式连接与补偿短距离的间断枝条。首先对二值图像进行连通对象标注，将连通面积小于标准值的连通图像认定为枝条残枝图像，找到这些枝条残枝图像的凸出端位置，以各凸出端位置为中心通过膨胀实现断裂部分的连接，从而完成间断枝条的补偿处理，处理后的图像如图 3-66 所示。

（a）顺光原图　　　　　　　　　　　（b）逆光原图

（c）顺-OTSU 分割图像　　　　　　　（d）逆-OTSU 分割图像

（e）顺-色差分割图像　　　　　　　　（f）逆-色差分割图像

图 3-64　分割图像比较

图 3-65　消噪后的枝条图像　　　　　图 3-66　补偿处理后的枝条图像

　　枝条图像中心点也就是该处枝条横切面的几何中心，图像的直径也就是横切圆面的直径，枇杷枝条数量较多，并且枝条间的空间结构差距较大，难以根据枝条整体形态特征确定中心点坐标。因此，枝条图像中心点和图像的直径可以通过枝条图像的边缘特征获取。

72

5.识别方法的确定

通过对比连枝识别法和边缘识别法发现边缘识别法处理过程相对简单,通过对同一图像进行图像识别时,边缘识别法的识别速度较连枝识别法快1.74~6.14倍;连枝识别法的识别正确率均高于边缘识别法,连枝识别法具有更高的准确性,平均识别正确率为90.7%,两者的正确识别率如图3-67所示,其中H_1-H_2为识别准确率的差值。因此,可根据具体要求选择合理的识别方法。

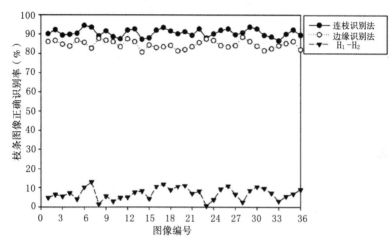

图3-67　正确识别率比较

6.切削枝条的确定及定位

超广角摄像机标定是枇杷枝条空间定位的关键技术,经超广角摄像机标定后,枇杷剪枝机器人采用双摄像头采集图像信息,利用两摄像头之间的相互关系和枝条中心轴坐标可确定枇杷枝条实际直径,由于同一枝条不同位置的直径存在差异,所以在进行切削枝条初步判断时,将采集的图像平均分成4部分,如图3-68所示。通过确定存在切削枝条后,将枝条中心点投影到水平面上,并将分布在枇杷树周围的投影点连接起来。连接时,应使各连线围成的几何图像面积最大。

图3-68　枝条图像均分处理

以直径为标准初选切削枝条，最后根据枝条密度确定最终确定的切削枝条，进而求取其位置坐标。切削枝条的确定流程如图3-69所示，其中P_1代表数量密度，即投影点个数与几何平面面积的比值；P_2代表面积密度，即所有投影点的枝条直径之和与几何平面面积的比值。切削枝条确定后，其中心轴与剪枝分界线的交点即为切削点。

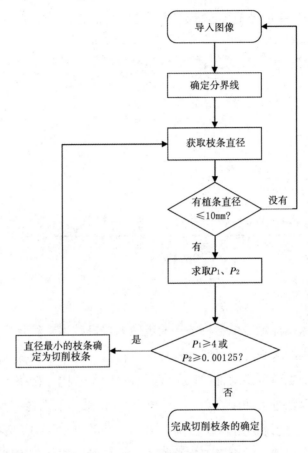

图3-69　切削枝条的确定流程图

7. 末端执行器的设计

剪枝末端执行器具有抓取及固定枝条、剪断枝条等功能，考虑到枇杷枝条可作为有机肥回收利用，所以设计的剪枝末端执行器应不仅能够剪断枝条还应能进行枝条粉碎处理。设计方案如图3-70所示。

剪枝末端执行器的内部运动包括刀具运动、枝条夹持运动和枝条送料运动。刀具运动包括主切削运动和进给运动；夹持机构通过夹持辊轴的移动实现枝条的夹持和释放；枝条送料时，送料辊轴在电机驱动下转动，使枝条向切削刀具方向移动实现枝条的输送。刀具传动机构示意图、夹持机构设计方案和送料机构示意图分别如图3-71（a）、（b）、（c）所示。末端执行器的剪枝、粉碎作业流程如图 3-72 所示。

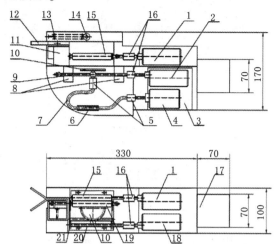

1. 送料驱动单元　2. 进给传动单元　3. 电机支撑架　4. 刀具驱动单元　5. 软轴联轴器
6. 软轴固定架　7. 钢丝软轴　8. 限位开关　9. 丝杠　10. 刀具　11. 柔顺板固定架
12. 柔顺板　13. 滚轮压缩弹簧　14. 压缩滚轮　15. 送料辊轴　16. 夹持联轴器
17. 连接接头　18. 夹持驱动单元　19. 夹持辊轴　20. 卷轮轴　21. 卷轮

图 3-70　末端执行器设计方案（单位：cm）

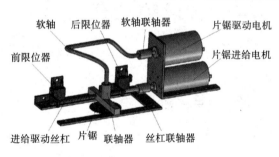

（a）刀具传动机构示意图

1. 钢丝绳　2. 夹持辊轴　3. 伸缩弹簧
4. 夹持电机　5. 电机减速装置　6. 联轴器
7. 卷轮　8. 双弹簧控制系统

（b）夹持机构设计方案

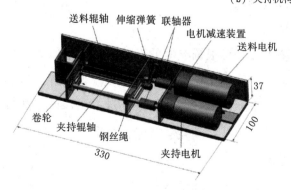

（c）送料机构示意图

图 3-71　末端执行器机构设计（单位：cm）

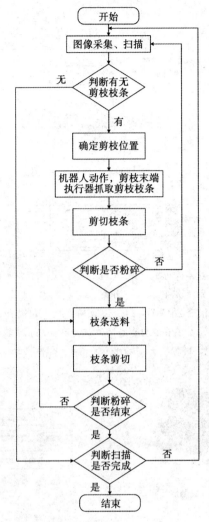

图 3-72　末端执行器工作流程图

二、葡萄剪枝机器人

（一）研究概况

葡萄依附藤蔓生长，可根据支架的形状进行整形修剪。整形修剪可以使葡萄茎蔓空间分布合理，使阳光充分照射植株，获得良好的生长状态，也是促进葡萄保持产量甚至产量增长的环节。贾挺猛对于葡萄树冬剪机器人剪枝点定位方法的研究为实现葡萄剪枝自动化、智能化提供了基础。

（二）关键技术

1.葡萄树冬剪枝机器人系统设计

葡萄树图像背景由于各种环境因素变得复杂，使用机器视觉法识别葡萄树枝时速度较慢，因此在葡萄树剪枝机器人系统上增加一种具有葡萄树预整枝功能的图像采集背景装置以解决上述问题。葡萄树冬剪机器人系统主要包括自动导航车载平台、图像采集箱、整枝模块、剪枝模块。

自动导航车载平台通过云台摄像头采集路况图像，对图像分析后驱动电机，实现车载平台的自动导航行走；图像采集箱主要由背景墙、顶盖、设备间等部分组成，主要通过视觉检测系统采集环境信息和目标图像，且采集箱可根据葡萄树枝长势和株距的不同，更换不同宽度尺寸的顶盖，使得该装置可以适应各种不同的果园作业；整枝模块由切割锯、吹风机、电机驱动器等构成，用于切割过长树枝，便于后续的剪枝作业，还可以吹落枯叶，避免遮挡影响；剪枝模块主要由双目摄像机、图像采集卡、运动控制卡、关节驱动器、剪枝机械臂、工控机等构成，双目摄像机采集葡萄树枝图像，图像采集卡传送图像信息，运动控制卡下发关节控制指令，关节驱动器控制

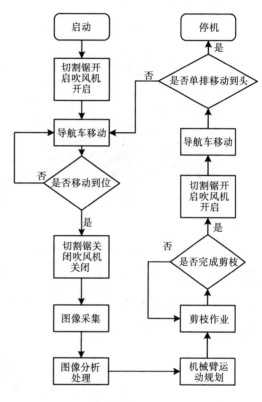

图 3-73　工作流程图

关节运动，机械臂完成剪枝作业，工控机进行图像分析处理和机械臂轨迹规划。剪枝机器人的工作流程图如图 3-73 所示。

2. 图像的颜色特征、图像预处理及骨架提取

通过单目摄像机采集样本图像，如图 3-74（a）所示，对葡萄树原图像采用分量法灰度化，R 分量图、G 分量图和 B 分量图如图 3-74（b）、（c）、（d）所示。对 3 种分量图像分别分析灰度直方图后，确定选用 B 分量灰度图像进行下一步分析。

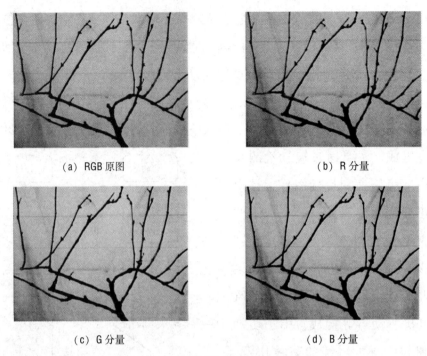

(a) RGB 原图   (b) R 分量

(c) G 分量   (d) B 分量

图 3-74　葡萄树枝图像的原图和各个分量图

通过对比中值滤波和均值滤波两者滤波效果，发现中值滤波在一定条件下，可以克服均值滤波所带来的图像边缘模糊问题，但中值滤波的保留细节特征效果没有均值滤波明显，综上，为了保护树枝图像细节特征，同时尽可能地减小模糊效应，选用如图 3-75 所示的领域加权平均滤波。

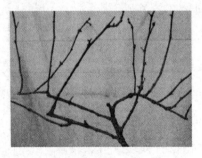

图 3-75　领域加权平均滤波效果图

以树枝像素作为目标，将葡萄树枝图像提取出来，采用非零取一法选择合适的阈值将图像分割，获取如图 3-76 所示的样本二值图像。

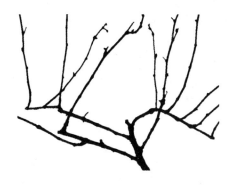

图 3-76　样本二值图像

　　对阈值分割提取的结果进行分析，发现实验样本二值图像提取不够完整，局部图像出现了如图 3-77（a）所示空洞。采用先对二值图像做一次膨胀运算，再做一次腐蚀运算的方法进行填充。经过闭运算处理后的局部图像如图 3-77（b）所示，填补空洞，完整的葡萄树二值图像如图 3-78 所示。

（a）局部空洞位置　　　　　　　　　　　　（b）空洞填充位置

图 3-77　图像空洞位置变化

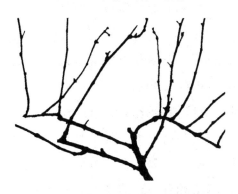

图 3-78　完整的葡萄树二值图像

　　通过对比经形态学细化、Zhang 细化、Rosenfeld 细化算法处理后的局部毛刺、局部连通性和局部中心位置，发现 Rosenfeld 细化算法提取葡萄树枝骨架图像效果较好，为进一步检测奠定了基础，对比结果如图 3-79（a）、（b）、（c）所示。

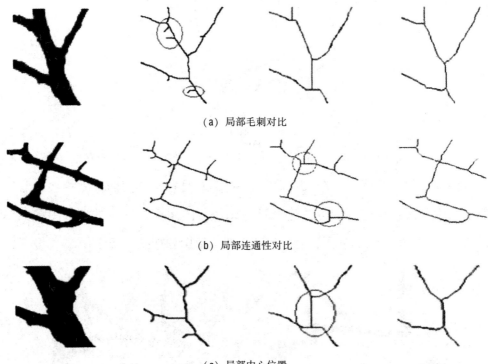

（a）局部毛刺对比

（b）局部连通性对比

（c）局部中心位置

图 3-79　三种骨架提取效果对比

（从左至右依次为原图、形态学细化、Zhang 细化、Rosenfeld 细化）

3.葡萄树枝图像特征点提取

葡萄树的剪枝作业依据需要保留的芽点个数来确定剪枝位置，因此在提取了葡萄树枝骨架之后，需要对骨架图像上的芽点位置进行检测。芽点在数学上表现为角点特征，根据芽点位置像素点的灰度变化特点，采用 Harris 角点检测算法检测角点，即二维空间中灰度值变化较剧烈的位置，对实验样本图像测试得芽点平均正确检测率为 76.5%，平别识别率为 66.4%。基于此，篱架式 Y 形葡萄树剪枝点定位算法具有一定的准确性和可行性，可以实现保留 7 个芽点的主蔓中梢修剪和保留 2 个芽点的结果母枝短梢修剪，识别算法

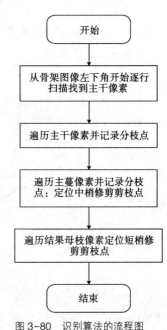

图 3-80　识别算法的流程图

80

的流程图如图 3-80 所示，识别算法模块的算法流程图如图 3-81 所示。

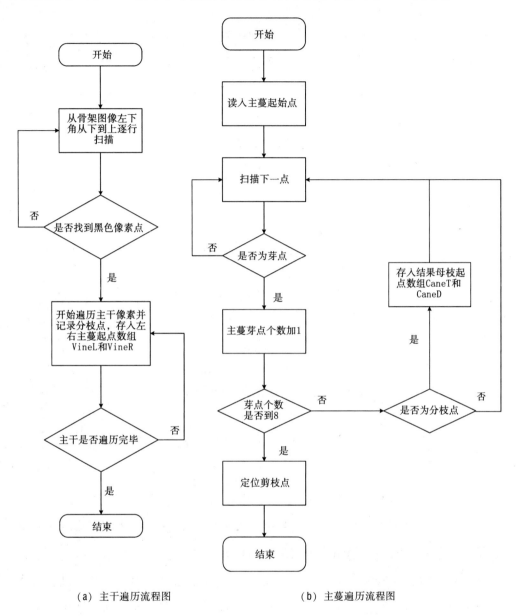

（a）主干遍历流程图 　　　　　　　　　（b）主蔓遍历流程图

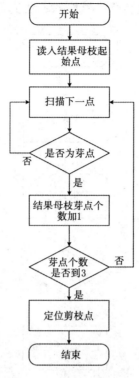

（c）结果母枝遍历流程图

图3-81　识别算法模块的算法流程图

第五节　嫁接机器人

在蔬菜生产过程中，作物的连作重茬会出现产量降低、抗逆性减弱等问题，通过嫁接可有效提高嫁接苗的抗逆性和产量，现已经广泛用于多种蔬菜的栽培。根据接穗与砧木的结合方式不同可将嫁接方法分为靠接法、插接法、贴接法、劈接法、套管法、平接法和针接法。但嫁接步骤烦琐，工艺复杂，工人劳动效率低，嫁接机器人不仅可以降低作业难度，提高劳动效率，还可以减少植株水分流失，防止切口病菌感染，提高植株存活率和果实品质，促进嫁接苗的规模化生产。以下主要对斜插式蔬菜嫁接机器人和贴接法自动蔬菜嫁接机器人进行介绍。

一、斜插式蔬菜嫁接机器人

（一）研究概况

斜插法是插接法的方法之一，使用该法嫁接时，先在砧木上打孔，将接穗去根并削成对应的楔形，将削切后的接穗插入砧木即可完成嫁接。该法嫁接的接穗与地面隔离效果最好，因此防病效果最好，而且该法不需要加持物，作业较简单，应用广泛，比较适合机械自动化嫁接。邱景图对斜插式蔬菜嫁接机器人的嫁接原理和关键机构进行了研究。

（二）关键技术

1. 整体结构设计

选取"京欣一号"西瓜为接穗研究对象，"京欣砧冠"为砧木研究对象，育苗后，通过嫁接试验发现，打孔直径为1.8mm、针尖锥角为45°、斜插式嫁接角度为45°时，打孔成功率最高；接穗切削角度为20°、切削面平均长度为7.23mm时，嫁接成功率最高，因此设计斜插式蔬菜嫁接机器人。作业流程设计图和总体方案分别见图3-82和图3-83。

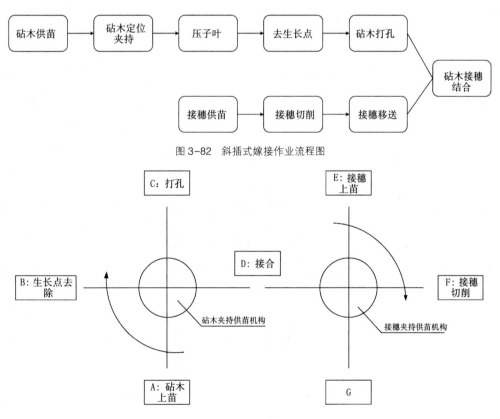

图3-82 斜插式嫁接作业流程图

图3-83 总体方案示意图

根据双线程处理砧木和接穗、多工位处理夹持、切削等工作方式，共设计砧木夹持供苗机构、生长点去除机构、砧木打孔机构、接穗夹持供苗机构和接穗切削机构5个部分。

2.砧木夹持供苗机构

砧木夹持作业是嫁接过程中重要的部分，在斜插式嫁接作业中，如果打孔时砧木苗弯曲，会直接影响接穗苗与砧木苗的插接，采用带海绵垫片的柔性夹持机构可以对砧木苗起缓冲保护作用，砧木夹持供苗机构结构图如图3-84所示。

3.生长点去除机构

去除生长点是斜插式嫁接作业中的关键步骤，生长点去除机构的作用是在砧木被夹持和子叶

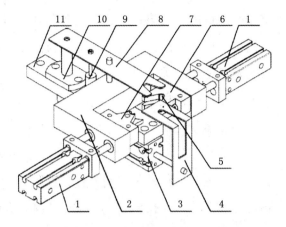

1. 夹持气缸　2. 夹持固定块　3. 送苗气缸　4. 上苗架
5. 海绵垫片　6. 夹持手1　7. 夹持手2　8. 压板
9. 压片气缸　10. 直线轴承　11. 安装板

图3-84　砧木夹持供苗机构结构图

被压平后切除生长点。传统的生长点去除机构未能有效地去除砧木生长点，采用如图3-85所示的拥有3个自由度、可以模拟人工去生长点精确轨迹的机构能解决上述问题。

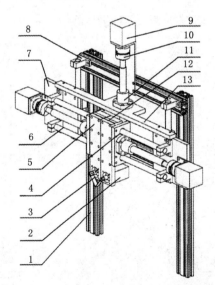

1. 型材　2. 步进电机1　3. 生长点去除刀片　4. 丝杆安装板1　5. 连接板1　6. 导杆　7. 连接板2
8. 轴架　9. 步进电机2　10. 联轴器　11. 滚珠丝杆　12. 直线轴承　13. 丝杆安装板2

图3-85　生长点去除机构结构图

4. 砧木打孔机构

如图 3-86 所示的砧木打孔机构可以根据要求调整角度以适应不同的嫁接角度，由嫁接试验研究确定打孔机构的角度为 45°，采用直径为 1.8mm、针尖锥角为 45°的打孔针。

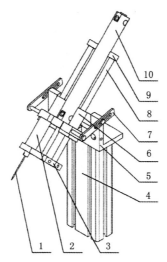

1. 打孔针　2. 打孔电机　3. 电机连接板　4. 型材　5. 气缸连接板　6. 直线轴承

7. 角度调节机构　8. 辅助导杆　9. 限位件　10. 打孔气缸

图 3-86　砧木打孔机构结构图

5. 接穗夹持供苗机构

如图 3-87 所示的接穗夹持供苗机构用于实现接穗上苗和夹持，为后续操作步骤供苗，采用对接穗苗有缓冲保护作用的柔性夹持机构。另外，夹持机构的上下滑动可以将接穗苗插入砧木苗中。

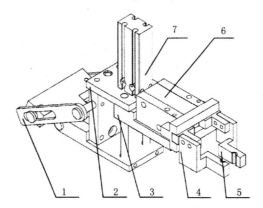

1. 角度调节机构　2. 气缸安装板　3. 滑动机构　4. 夹持手

5. 海绵垫片　6. 夹持气爪　7. 下移气缸

图 3-87　接穗夹持供苗机构结构图

6.接穗切削机构

采用如图 3-88 的接穗切削机构将接穗胚轴斜切，采用切削速度快、切削平面光滑的旋转切削利于砧木和接穗的对接，根据嫁接试验的结果将接穗切削角度设定为 20°，切削面的平均长度设为 7.23mm，并将切削半径设置为 110mm。

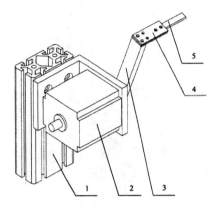

1. 型材　2. 摆动气缸　3. 切削臂　4. 刀片夹　5. 切削刀片

图 3-88　接穗切削机构结构图

7.控制系统设计

机器人的主要动作由气缸和步进电机驱动，主要通过控制电磁换向阀和步进电机驱动器实现系统控制，工作流程图如图 3-89 所示。砧木模块、接穗模块和嫁接接合模块的流程图如图 3-90 所示。

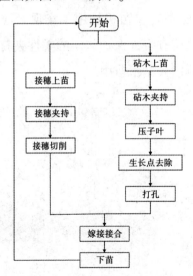

图 3-89　机器人工作流程图

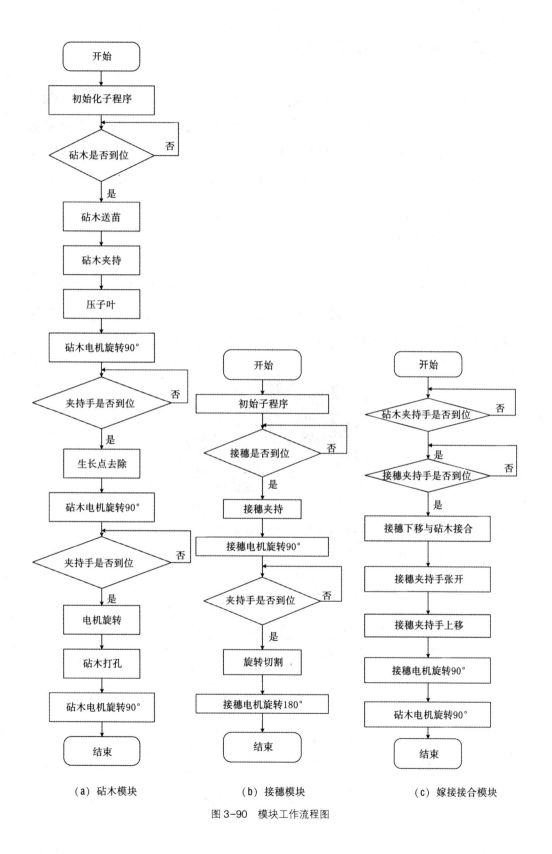

（a）砧木模块   （b）接穗模块   （c）嫁接接合模块

图3-90 模块工作流程图

二、贴接法自动蔬菜嫁接机器人

（一）研究概况

在西瓜与葫芦的嫁接作业中，采用插接法易将西瓜苗茎误插入葫芦的髓腔中，导致成活率大大降低。对于苗茎带有髓腔的植株来说，使用贴接法嫁接效果较好。使用贴接法嫁接时，切除的是一个斜面，接合时由于接触面较大，可以很快愈合。张路对贴接法自动蔬菜嫁接机器人进行了研究，采用单子叶切除法实现西瓜嫁接，操作简单、成活率较高。

（二）关键技术

1. 总体设计方案

参照人工嫁接的步骤，依据所需要的功能模块设计嫁接机器人，其总体结构图如图 3-91 所示，将嫁接流程分为嫁接夹供给、接穗处理、砧木处理和嫁接结合 4 个部分，并设计嫁接机的工作流程如图 3-92 所示。

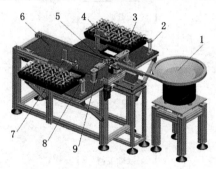

1. 嫁接夹振动盘　2. 砧木夹持定位机构　3. 砧木旋转输送机构　4. 砧木切削机构　5. 夹子顶出机构

6. 嫁接苗输送带　7. 穗木切削机构　8. 穗木夹持定位机构　9. 穗木旋转输送机构

图 3-91　嫁接机器人的总体结构图

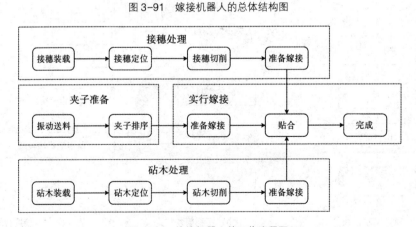

图 3-92　嫁接机器人的工作流程图

2.振动送夹装置

嫁接夹供给的工作主要包括嫁接夹的输送和排序,目前嫁接夹供给的工作主要由如图3-93所示的振动送夹装置完成。为了嫁接夹的控制方便,嫁接前嫁接夹需要有一个统一的姿态且不能重叠,因此需要在振动送夹的同时把夹子的方向调节一致,并且排列零件、分离零件以确定的位置进入接下来的机构。将圆盘式送料装置与直线送料装置结合在一起工作,圆盘式送料装置实现夹子的分选排列,直线送料装置起到振动传送夹子的作用。

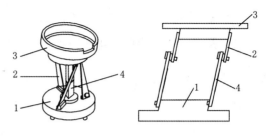

1. 底座　2. 支承板弹簧　3. 振动台　4. 激振器

图3-93　振动送夹装置结构图

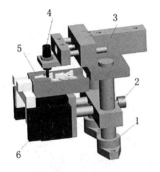

1. 固定座　2. 调节螺母

3. 自由伸缩气缸　4. 针形气缸

5. 嫁接夹仿形导向块　6. 气动卡盘

图3-94　嫁接夹顶出机构

3.嫁接夹顶出机构

经过振动输送装置排序定向后,嫁接夹需要在嫁接时被如图3-94所示的顶出机构从料道准确送到嫁接苗结合位置。嫁接夹离开振动输送装置后被推至仿形口,需要嫁接时,在气缸的作用下夹子打开,然后气动卡盘松开夹子,将砧木和接穗夹住完成嫁接。

4.嫁接苗夹持器

夹持器的工作性能对于嫁接成功率影响很大,如图3-95所示的夹持器的孔径大小可以根据苗茎部直径的平均值设置,为了实现柔性加持、不伤害夹持苗,在夹接穗孔的内壁贴柔性橡胶内衬,在夹持连杆后放置一段弹簧。

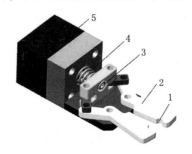

1. 橡胶垫　2. 连杆　3. 螺栓　4. 弹簧　5. 气缸

图3-95　嫁接苗夹持器

5.搬运机构

搬运机构共有 3 个工位，实现砧木和接穗的夹持、切削以及砧木和接穗的接合，采用可以绕轴心旋转的悬臂结构实现 3 个工位的转变。搬运机构的转动轴装配如图 3-96 所示。

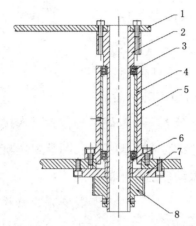

1. 悬臂 2. 转轴 3. 深沟球轴承 4. 隔套 5. 基座 6. 小隔套 7. 限位块 8. 同步带轮

图 3-96 搬运机构转动轴装配图

6.切削机构和传送带滚轮

切削机构用于将砧木上端的一片子叶、生长点和接穗根系的切除。当嫁接苗被送到切削机构时，气缸带动摇摆臂摆动 180° 使得摇摆臂向上，选用 75mm 的刀片切削获得与水平面夹角 60°的切面。切削机构如图 3-97 所示。

嫁接完成的植株经传送带送出，传送带由一个主动轮和一个从动轮带动运作，主动滚轮的结构如图 3-98 所示。

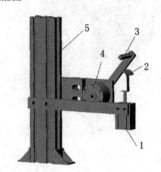

1. 气缸 2. 子叶挡板

3. 刀片座 4. 旋转气缸 5. 型材

图 3-97 切削机构图

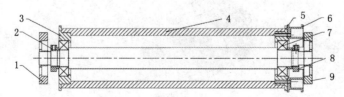

1. 左固定板 2. 左顶紧螺母 3. 左封盖 4. 滚筒 5. 右封盖 6. 带轮

7. 深沟球轴承 8. 右顶紧螺母 9. 右固定板

图 3-98 主动滚轮结构图

7. 控制系统

嫁接机器人的控制由 PLC 控制器完成，由操作人员分别供苗完成接穗和砧木的处理工作，接穗和砧木就位后，启动结合程序进行嫁接。控制系统流程如图 3-99 所示。

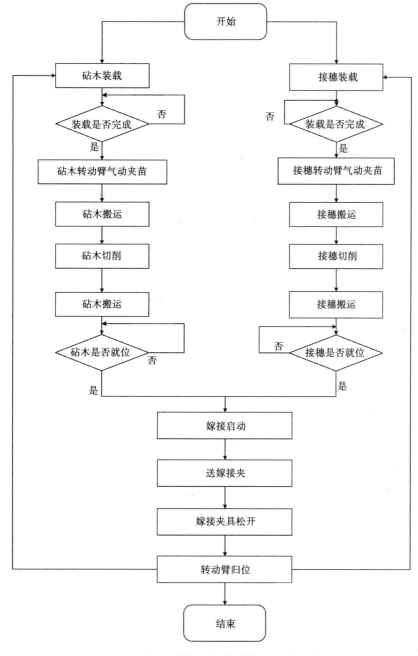

图 3-99　嫁接机器人控制系统流程图

第四章
收获机器人

农业机器人是作用于农业生产的智能农业机械，其集多种前沿科学技术于一身，在改善农业生产作业条件，缓解农业劳动力不足，实现农业的规模化、精准化生产模式等方面具有广泛的应用前景。近年来，计算机技术、导航技术以及新型传感器技术的快速更新，为农业机器人的发展提供前所未有的可能。因其作业对象的不同，可将农业收获类机器人分为多种类型。本章将从谷物收获机器人、蔬菜收获机器人、水果收获机器人及挤奶机器人几个方面展开介绍。

第一节　谷物收获机器人

一、玉米收获机器人

（一）研究概况

玉米是我国主要粮食作物之一，2021年播种面积达4 332万公顷，玉米收获季节性强、劳动强度大，是玉米生产中最耗时和最费力的作业环节。随着农业生产的发展，玉米收获的机械化、自动化和智能化需求越来越迫切。玉米收获机器人的研究开发可大大降低农民的劳动强度，提高劳动生产率。因此国内外相关研究团队都在积极研究具有自动行走性能的玉米智能收割机械——玉米收获机器人。

玉米收获机器人在田间作业时通常是沿着玉米垄行行走，以避免茎秆缠绕、减少行走阻力、降低对土壤的压实程度，因此实现玉米垄行的自动提取与识别是玉米收获机器人自主行走的前提。徐建等将玉米垄行设置为玉米收获机器人的行走路径，采用数字图像处理技术获取此路径，对玉米收获机器人的路径识别方法进行了研究。其硬件系统组成如图4-1所示，主要由CCD摄像机、视频编码器、图像远程传输模块、图像接收模块和 PC 机组成。其具体实现如下：首先，由安装在收获机上的 CCD 摄像机实时获取玉米垄行的图像，图像经视频编码器转化成数字信号，并在保证图像传输速度和质量前提下对数字信号进行压缩；其次，通过无线传输模块和远程通信网络把采集到的图像信号传递给 PC 机上的接收模块；再次，由 PC 机上的数字图像处理软件对得到的图像进行图像灰度化处理，形成二值文件，之后对二值文件进行去噪、填充和边缘提取等处理获得玉米收获机器人行走路径；最终，将确定的玉米收获机器人行走路径应用于玉米收获机器人的导航参数中，实现玉米收获机器人作业时的自动行走与控制。

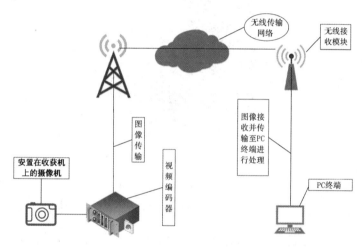

图 4-1　图像获取硬件系统组成

（二）关键技术

玉米收获机器人垄行路径识别关键技术主要包括图像获取、图像灰度化处理、图像二值化、图像去噪处理、图像填充、图像边缘提取等处理过程。其软件处理流程如图 4-2 所示。

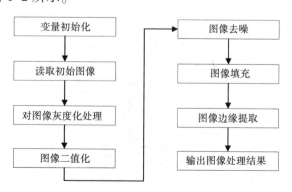

图 4-2　玉米收获机器人垄行识别图像处理软件流程图

1. 垄行图像灰度化

玉米收获机器人获取的实时垄行信息为 RGB 格式的彩色图像信息，图像中每个像素点的特征通过 R、G、B 3 个通道的数值来表征，数据信息量大，为保证图像数据的实时采集、处理与传输，需要将彩色图像信息投影到灰度空间中。研究采用加权平均值法实现彩色图像的灰度化，其具体计算公式如下：

$$R=G=B=R×WR+G×WG+B×WB$$

其中，WR=0.30，WG=0.59、WB=0.11 时，计算的灰度图像最为合适，如图 4-3 所示。

图 4-3　灰度化后的玉米垄行图像

2. 垄行图像二值化

图像二值化是用 0 和 1 两种灰度值表示图像中所有像素点，其中 0 代表黑色，1 代表白色，通常情况下黑色代表背景，白色代表感兴趣区域。图像二值化的关键在于分割阈值选择与确定，从而将实现感兴趣区域的有效分离与提取。玉米收获机器人获取图像信息时，容易受到田间状况、天气情况及机械振动等因素影响，为实现玉米垄行与背景的有效分离，通过多次分割测试试验，确定玉米垄行二值化分割阈值为 128，其二值化后的玉米垄行图像如图 4-4 所示。

图 4-4　二值化后的玉米垄行图像

3. 垄行图像去噪处理

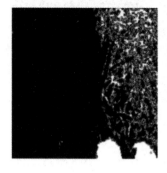

图 4-5 8 邻域均值滤波去噪
后的玉米垄行图像

获取的玉米垄行图像在采集、传送和处理过程中会受到各种干扰信息的影响，造成图像质量降低，导致图像处理困难和视觉效果不佳。为消除噪声、抑制干扰，在进行图像处理的过程中需要进行图像去噪处理。研究中将玉米垄行作为玉米收获机器人的行走路径，因此可将图像中玉米垄行信息作为感兴趣有用信息，其他图像信息作为噪声信息进行处理。采用高斯滤波、中值滤波和均值滤波等多种噪声处理方式对垄行图像进行去噪处理，发现 8 邻域均值滤波器去噪能够明显提高图像质量，去噪后的垄行图像如图 4-5 所示。

4. 垄行图像膨胀处理

由图 4-5 可知，去噪后的玉米垄行图像右边部分包含较多的细小断裂。为改善二值图像质量，可采用形态学二值膨胀滤波器消除这些小面积区域。研究中采用 3×3 模板对滤波后的玉米垄行图像进行处理，提取图像中的大面积均值区域，之后采用连通标记法剔除面积阈值的小面积黑团体，最终处理结果如图 4-6 所示。经膨胀处理后能够有效实现玉米垄行图像中的垄行信息与其他背景分离。

图 4-6　膨胀后的玉米垄行图像

5. 垄行识别与检测

在图像处理中，通常将灰度发生急剧变化的点作为边缘，在频域中用高频分量表示。在图像中，边缘主要存在于两个目标间、目标与背景以及区域与区域之间的连接处，是图像进行分割、纹理和特征提取的重要基础。为确定最佳的玉米垄行识别方式，采用 Roberts 边缘检测算子、Log 边缘检测算子、Prewitte 边缘检测算子对膨胀后的玉米垄行图像进行检测识别，其结果如图 4-7 至图 4-9 所示。

图 4-7　Roberts 算子提取路径　　图 4-8　Log 算子提取路径　　图 4-9　Prewitte 算子提取路径

由图 4-7 至图 4-9 可知，Roberts 算子采用对角线方向相邻两像素之差的近似梯度幅值进行边缘检测，其对噪声较为敏感。Log 算子利用边缘点处二阶导函数零交叉原理检测边缘，边缘检测时对灰度突变较为敏感，同时对噪声信息敏感，但检测结果无法获取边缘方向信息。Prewitte 算子利用像素点上下、左右邻点灰度差在边缘处达到极值实现边缘检测，在检测过程中对噪声具有平滑作用，定位精度高。综合以上 3 种检测识别算法的结果，发现 Prewitte 检测算子对玉米垄行轮廓信息的识别和检测效果最好。研究结果为玉米收获机器人自主行走功能的实现奠定了基础。

二、小麦水稻联合收获机器人

（一）研究概况

当前，农业生产正面临劳动力短缺、人口老龄化、资源短缺、环境污染等多种问题，为解决农业生产中的问题，世界上许多国已启动了一系列措施来扩大机器人在农业生产中的应用规模，以提高农业生产效率并改善劳动力短缺的问题。其中小麦水稻联合收获类机器人是机器人在农业领域的研究热点。Zhang Ze 等基于 CAN 总线控制原则采用 AGI GPS 接收器和 IMU 惯性测量单元设计了一款用于小麦水稻联合收割的收获机器人。

（二）关键技术

1. 研究平台——AG1100

采用洋马公司生产的 AG1100 联合收割机作为研究平台进行收获机器人设计。AG1100 联合收割机如图 4-10 所示，其具体参数如表 4-1 所示。AG1100 联合收割机可在手动和自动 2 种模式下工

图 4-10　洋马 AG1100 联合收割机

作。自动模式由计算机通过 CAN 总线发出各种控制指令实现联合收割的各种功能，联合收割机的控制系统原理如图 4-11 所示。

表 4-1 洋马 AG1100 联合收割机具体参数

参数	数值
长/cm	615
宽/cm	235
高/cm	276
功率/kW	80.9
履带尺寸/cm	50×178
速度/（m/s）	低速：0~1.0
	中速：0~2.0
	高速：0~2.81

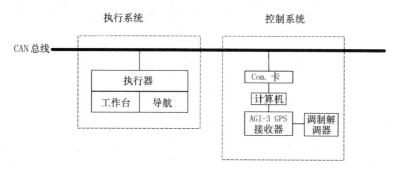

图 4-11 洋马 AG1100 自动模式下的控制系统原理图

2. 导航传感器

采用嵌有全球定位系统（GPS）和惯性测量单元（IMU）的拓普康 AGI3 接收器作为联合收割机的导航传感器，并通过串行通信电缆将 AGI3 接收器与联合收割机的计算机相连，实现联合收割机位置和姿态数据的实时更新，AGI3 接收器如图 4-12 所示。

图 4-12 AGI3 接收器

AGI3 接收器可输出多种格式的 GPS 数据，如 GGA、GGK 和 VTG，当使用 VRS 格式数据时，AGI3 接收器的 GPS 数据精度可达±3cm；同时，AGI3 接收器能够输出联合收割机的姿势信息，姿态数据的精度约为 0.5°。AGI3 接收器获取的姿态数据是经过修正的，能够有效解决 IMU 数据的漂移问题。然而使用 AGI3 接收器时需要保证车辆速度大于 0.3m/s，否则将无法获得有用的 GPS 和 IMU 数据。通常情况下，需要将 GPS 和 IMU 接收器安装在车辆的重心位置。然而，受联合收割机结构的限制，将 AGI3 接收器安装靠近车头的车厢顶部。

3. 转向控制

AG1100 联合收割机收获机器人的转向通过 $\delta = \alpha_1 d + \alpha_2 \Delta\varnothing$ 公式控制。其中，d 是从 RTK-GPS 接收器到目标路径的距离（或横向误差），而 $\Delta\varnothing$ 是当前航向和目标航向之间的差（或航向误差）。d 和 $\Delta\varnothing$ 的定义如图 4-13 所示。

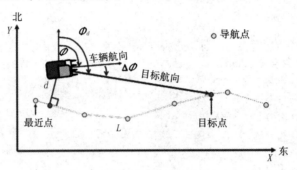

图 4-13　转向控制示意图

4. 导航图

导航图是由一系列相互连接的导航点组成，每个导航点包含了其在 WGS-84 世界坐标的位置信息（经度和纬度）信息。联合收获机器人的导航图可以是直线或曲线，在导航图中需要嵌入联合收获机器人相应的工作代码，用以执行相应的工作动作，如工作状态、路径编号、割刀工作状态（切割或停止）和割台高度（上或下）。此外，导航图还需要一个工作计划文件，用以描述地图文件名和路径编号的顺序。联合收获机器人使用的导航地图如图 4-14 所示。

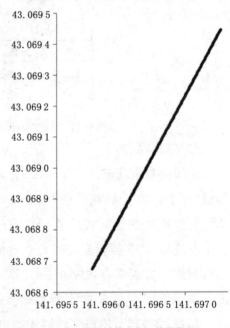

图 4-14　联合收获机器人使用的导航图

5. 导航精度测试

为测定联合收获机器人能否按预定的直线运行以及联合收割机的运行精度，在导航过程中，记录了联合收割机的 GPS 和 IMU 数据，用于评估其准确性，结果如图 4-15 所示。图中左侧数据点是导航图，右侧数据点为联合收割机器人行驶过程记录的 GPS 坐标点。导航图和实际行驶路径之间存在一定的偏差，导致这些偏差形成的原因是由 GPS 接收器不在联合收割机的几何中心造成的。

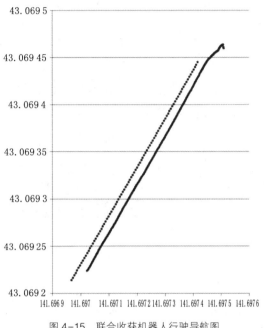

图 4-15　联合收获机器人行驶导航图

6.稳定性测试

在稻田中将联合收获机器人设定在自动模式下连续收获行走 150m 以上，测定其稳定状态下的精度，如图 4-16 所示。初始横向误差约为 20cm，初始航向误差约为 1.8°。启动后，联合收割机以 1.0m/s 的速度驶向目标路径。在测试期间，记录了横向误差和航向误差，如图 4-17 和图 4-18 所示。

图 4-16　工作状态下的联合收获机器人

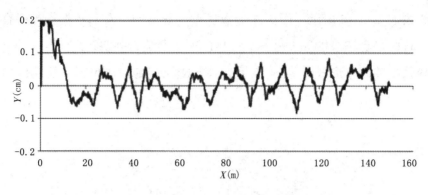

图4-17 联合收获机器人的横向误差

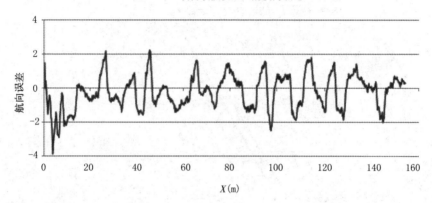

图4-18 联合收获机器人的航向误差

在初始横向误差为20cm和初始航向误差为1.8°的情况下，机器人联合收割机可以达到如下精度：横向误差的最大绝对值为20cm，这是初始横向误差，而航向误差的最大绝对值为3.9°，这是车辆转向以补偿较大的初始横向误差的结果。当车辆处于稳定状态时，横向误差在±8.3cm内波动，航向误差在±2.5°内波动。稳定情况下横向误差和航向误差的平均值分别是3.47cm和0.92°，能够满足小麦和水稻的实际收获需求。

第二节 棉花收获机器人

（一）研究概况

棉花是我国主要经济作物之一，我国是一个产棉大国，同时也是一个棉花消费大国。2021年我国棉花种植面积为303万公顷，棉花产量为573万吨，约占世界棉花产量的23%；我国棉花年消费量730万吨，占世界棉花总消费量的27%左右。此外，我国从事棉花生产及其加工的人数众多，在我国从事棉花种植生产的人数在 1 亿人左右，从事棉纺工业的人数在 800 万左右，因此，棉花及其产业在国民经济中占有重要地位。图 4-19 展示了我国自 1999 年以来的棉花产量统计图，从图可以看出，2003 年以来我国棉花产量一直处于高位状态，表明我国棉花生产的规模不断扩大，同时也意味着我国棉花耕种管收各作业环节对机械的需求不断扩大。

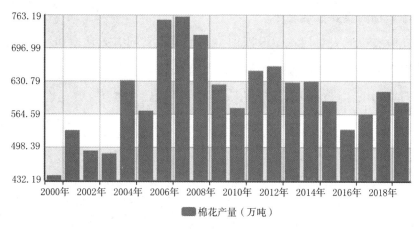

图 4-19　2000~2020 年我国棉花产量统计图（国家统计局统计数据）

　　棉花收获在棉花种植过程占有重要地位，其机械化程度的提高对于棉花种植者及棉花产业的发展具有重要意义。目前，棉花收获主要有人工采摘和机械化收获两种方式。人工采摘适宜于种植面积小、地域分散的棉田，在棉花成熟期间可以分阶段地多批次完成采摘作业，提高棉花产量和籽棉质量等级，然而这种采摘方式效率低，劳动强度大，尤其是对于大面积种植的棉花产区，人工采摘所暴露的问题更加突出。机械化采棉具有采摘效率高、生产成本低的优点，适合大面积作业。但由于其作业方式为一次性作业，对棉花品种要求较高，需要棉花成熟期一致或者相近，并且需要在作业前喷施催熟剂，促进棉花的成熟和喷施脱叶剂进行脱叶处理，防止采摘过程中棉花混入过多的杂质。实现棉花生产过程的机械化是我国农业发展的一个重要方向。随着计算机技术、信息技术和自动控制技术的发展，农业机械装备也逐步由机械化走向自动化、智能化，这也是世界农业发展的新方向、新趋势。开发一种新型棉花收获机器人，充分利用先进技术和装备并结合人工采摘与机械化采摘的优点是研究棉花收获问题的科研人员所关心的重要课题。南京农业大学王勇开展了棉花收获机器人相关研发工作。

（二）关键技术

1.棉花边缘的分割

图像边缘是指图像中一个连通区域结束与另一个区域开始的连接部分，该区域具有不连续的特征，同时蕴含了图像丰富的内在信息。图像中沿边缘走向的像素变化平缓，而垂直于边缘的方向像素变化剧烈，图像边缘的这一特征是进行图像识别的重要依据之一。

棉花收获机器人对棉花图像识别中采用最大类间方差法（Otsu 法），该算法具有自动分割和分类误差低的特点，其算法如下：

①对原始图像进行扫描，并将 R、B 值进行记录。

②求得差值 *delt*，并将此差值按照升序排列，统计其中最大值（max）和中值（media）。

③按照以下公式自动进行阈值计算：

$$\mu_1 = \frac{\sum_1^m M_1}{\sum_1^n delt}$$

$$\mu_2 = 1 - \mu_1$$

$$\text{Threshold} = \mu_1 * \text{media} + \mu_2 * \text{max}$$

其中，M_1 是差值小于中值的个数。

④之后，对原始棉花按照如下公式进行阈值分割处理：

$$f(x, y) = \begin{cases} 255, & \text{if } delt < \text{Threshold} \\ 0, & \text{otherwise} \end{cases}$$

研究中采用 Otsu 自动阈值法结合色差视觉模型随机对获取的棉花图像进行分割，原始棉花图像和分割后的图像分别如图 4-20 和图 4-21 所示：

图 4-20　棉花收获机器人获取的原始图像

图4-21　基于边缘的棉花分割识别结果

2. 图像链编码技术

受天气状况及棉花自身特性（叶片表明的蜡质层）的影响，使获取的棉花图像中产生面积很小但亮度很高的小区域"斑点"噪声，为提高棉花的识别效果，必须有效剔除这些小区域"噪声点"，提出一种基于Otsu法的动态链码阈值法，即动态Freeman编码方法。其算法实现描述如下：

①首先对RGB图像利用色差模型进行阈值分割，得到二值化后的图像。

②对阈值化后的二值图像从上到下，从左到右进行扫描。标记遇到的白色像素，并按照Freeman编码方式进行反时针跟踪，如果能够连接在一起，则表明此区域为一个整体。对图像中的每一个整体进行标记1，2，3，...，n（n为整数）。

③统计各个不同整体的周长。由于按照Freeman编码所连通的像素是某个整体最外边界的像素，其周长便是边界上的像素数，分别记为P_1，P_2，...，P_N（$N=1$，2，3，...，M），M为图像中所有物体的个数。其中周长P_i按照如下公式计算：

$$P_i = n_e + \sqrt{2n_0}$$

其中，P_i为周长，n_0为奇数链码，n_e为偶数链码。

④确定最佳周长阈值。统计出周长后，将所获得的物体周长值P_i按照升序排列，并求出排列后数组的中值（median）P_1和最大值（max）P_2；统计周长值小于中值的个数，记为M_1，大于中值的个数记为M_2，记$\mu_1 = M_1/M_2$，$\mu_2 = 1 - \mu_1$，依据以下公式确定合适的周长阈值：

$$\text{Threshold} = \mu_1 P_1 + \mu_2 P_2$$

⑤噪声点的剔除。依据所计算的最佳周长阈值（Threshold）对所统计的

周长值 P_i 按照下面公式进行阈值化：

$$f\left(x, y\right) = \begin{cases} 255, & \text{if } P_i \geqslant \text{Threshold} \\ 0, & \text{otherwise} \end{cases}$$

其中，$f\left(x, y\right)$ 为图像中某一像素点 $\left(x, y\right)$ 处的灰度值。

经过动态 Freeman 算法处理后，可以最终获得要识别的棉花信息，结果如图 4-22 所示。

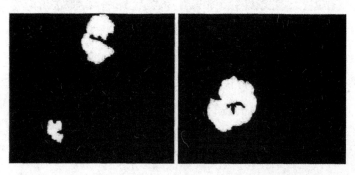

图 4-22　经动态 Freeman 算法处理后的棉花图像信息

为检验 Freeman 算法的识别效果，采用自然环境下获取的成熟棉花图像进行识别实验，实验结果如表 4-2 所示。

表 4-2　基于 Freeman 算法的棉花图像识别结果

组别	图片数	棉花数	Freeman 算法识别结果	准确率
1	20	42	37	88.09%
2	50	101	87	86.14%
3	100	182	158	86.81%
4	150	273	237	86.81%

由表 4-2 可知，基于 Freeman 算法的棉花识别效果较好，平均准确率达到 86% 以上，为棉花收获机器人自主采摘视觉系统的研发提供了基础。

第三节　蔬菜收获机器人

蔬菜是我国种植业中的第二大产业，在我国农村经济和国民经济中占据十分重要的位置。近年来全国蔬菜总种植面积不断增加，据（中国统计年鉴，

2021）记录，2020 年蔬菜总种植面积相比 2015 年增加了 193 万公顷，与蔬菜种植面积及产量逐年增加的趋势相对应的是逐年减少的农业劳动力资源以及逐年增高的劳动力成本。人口老龄化问题以及大量年轻劳动力涌向大城市是该现象产生的主要原因，进而导致农业劳动力资源短缺，农业劳动力成本上涨，果蔬生产成本增加。据统计，人工收获成本占蔬菜生产成本的 70%，为缓解劳动力短缺和成本高昂带来的压力，降低人工劳动强度，提高劳动生产率和产品质量，保证蔬菜实时采摘，研究开发蔬菜采摘机器人变得十分必要和迫切。

一、番茄收获机器人

（一）研究概况

番茄现已成为世界范围内广泛种植食用的蔬菜之一。其内含有丰富营养元素，在降低心血管疾病风险、减少遗传损伤和抑制肿瘤发生发展等方面具有重要作用，尤其是随着人们对膳食养生的关注，番茄及其制品越来越受欢迎，已成为当前生活中最为重要的果蔬之一。

番茄世界主产地为中国、美国和土耳其，全球年产量超过 1.2 亿吨。自 1995 年以来中国番茄的年产量约占世界总产量的 1/4，跃居世界第一位。番茄的成熟期较短，在生产中市售新鲜番茄采用手工收获，规模化温室种植的劳动力需求量大且劳动强度较高。进入 21 世纪以来，农业劳动力逐渐向社会其他产业转移，世界各国面临着人口老龄化和劳动力不足的问题，解放农业劳动力问题和提高番茄的集约化生产水平，实现番茄收获作业的机械化和自动化已成为未来发展的必然趋势。

番茄采摘机器人是以成熟番茄为采摘对象、排式种植园为作业环境，具有自主导航移动系统、果实目标自动识别与定位系统、机械手，能自动完成采收作业任务的智能化装备。其集成了机械原理、图像识别与处理、电子技术、机器人学以及控制理论等多学科领域专业知识，结合我国具体情况，开展番茄采摘机器人关键技术研究，为我国智能化番茄采摘作业提供理论支撑。

（二）关键技术

1. 番茄四轮移动平台控制系统设计

番茄采摘机器人行走底盘由车轮式结构，伺服电机四轮驱动、四轮独立转向、轮式高地隙底盘结构组成。设计的行走机构如图 4-23 所示，可自由设定两种运行模式，适应复杂环境下的作业方式。整机底层控制采用单片机控制，通过 CAN 总线与主控系统通信。设定 2 种运行模式，一是遥控模式，可由人工控制行走，用于转场；二是自动模式，受控于主控系统，用于自动作业。四轮独立转向驱动控制系统主要由电源模块、底盘驱动模块、人机界面模块、传感器模块以及数据通信模块组成，各部分功能如下。

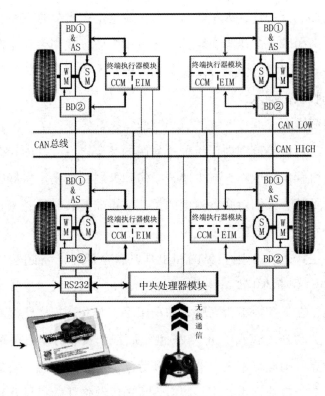

图 4-23　番茄采摘机器的行走机构图

电源模块：48V 供电，监测系统可随时查看电池状态，以确保电池不会在过放电或者电压过低的情况下持续工作，并实时提供电池电量指示。

底盘驱动模块：以四轮独立驱动平台为研究对象，4 个车轮分别有转向控制、转速控制，每个车轮都配置独立的控制模块进行底层转速、扭矩的驱动控制。同时整车还配备总控制器，用来协调四轮间的耦合，完成掉头、转向等特殊工作。

人机界面模块：采摘作业机器人移动平台采用无人驾驶技术，为了实时监控车辆的状态以及在必要时对车辆进行人工控制，良好的人机界面是必不可少的。通常可通过通信接口将移动平台实时工况传输到控制界面，并可在非导航状态下通过指令方式完成遥控行驶。

传感器模块：为了实现车身姿态控制、车辆转向控制、车速控制及目标搜索的功能，在电子系统中考虑整合陀螺仪、加速度传感器、激光扫描雷达及3D相机等传感器模块。

数据通信模块：各个传感器都有其特殊的通信方式，比如加速度传感器多用SPI接口，或者直接采用模拟信号输出，相机等数据吞吐量较大的设备通常采用USB作为信号接口。因此，通常将每个传感器接口模块化设计，并使用统一的数据传输协议及硬件来完成模块间的通信，以有效简化后期系统整合时的工作量。

2. 番茄采摘机械臂结构选型

机械臂是机器人的主要执行部件，用来完成果实采摘作业任务。它是腕关节和末端执行器的支承体，由关节和连杆组成，每个关节都有独立的驱动机构，按照运动方式可以分为旋转关节（记作R）和平移关节（记作P）2种。机械臂末端安装专用的采摘机构，通过对各关节的运动控制，使其到达目标位置，从而实现末端执行器的果实采摘作业。

番茄采摘机器人的作业对象是成熟番茄，其具有体积小、重量轻的特点，加上种植园环境的非结构化，运动过程中难免会碰到植株茎秆、枝叶等部位，因此要求番茄采摘机器人机械臂具有足够的灵活性和可操作性，在满足作业要求的前提下，尽可能保证机械臂结构简单紧凑、轻巧方便。

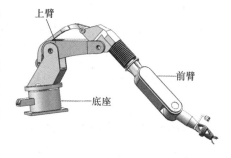

图4-24　关节型采摘机械臂结构图

因此，采用关节型机械手结构作为番茄收获机器人的机械臂结构，其结构图如图4-24所示。

关节型采摘机械臂主要由旋转关节和回转关节组成，类似于人的手臂，由腰关节、肩关节和肘关节等部分组成。这种结构型式结构紧凑，运动灵活、工作空间大、占地面积小。

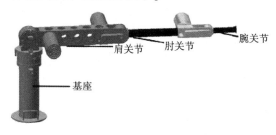

图4-25　四自由度机械臂三维结构图

基于关节型采摘机械臂的结构设计了四自由度机械臂，其关节配置如图4-25所示。该机械臂具有动作灵活、工作空间大、占地面积小的优点，能够满足番茄采摘作业要求，其机械手主要包括机械臂和末端执行器2个部分。由于机械臂主要用于蔬菜大棚环境下的番茄采摘，因此选用串联式灵巧型四自由度机械臂和一自由度末端执行器，其中，机械臂主要由基座、肩关节、肘关节和腕关节4个关节组成，操作灵活，便于控制，提高了番茄采摘机器人的通用性和使用效率。

现有的末端执行器轻便性差，灵活性不够，因此末端执行器都是专用的，大多数采摘机器人的手指内侧接触果实的部位采用尼龙或橡胶材料以保护果实。基于仿生设计原理，选用兼顾抓取稳固性与结构控制复杂性的三指型手

1. 旋转电机　2. 气缸　3. 手指　4. 硅胶衬垫
图 4-26　番茄采摘机器人末端执行器三维结构图

爪，如图 4-26 所示。采摘动作主要有手爪抓取和旋拧果实。末端手爪是由腕部旋拧电机、手指驱动电机、机械手指、压力传感器、掌部硅胶衬垫等部分组成。由于番茄果实娇嫩脆弱，因此需要对手爪的抓取力度进行控制，通过在末端执行器安装压力传感器，用来实时监测夹持力的大小，便于反馈控制，此外在机械手手指末端套上硅胶指套，手掌部位垫上柔软的硅胶衬垫，以避免果皮损伤。

3. 番茄目标识别与定位方法

双目视觉系统对番茄目标进行定位的过程如下：首先根据几何模型标定摄像头的参数，计算图像坐标与特征点坐标间的相对位置关系，标定结束后，采用三维重建方法，准确定位双目图像中的番茄位置。然后利用曲线拟合技术，准确还原被遮挡番茄的形状，找出双目图像中物体的形心。最后根据图像坐标与空间坐标的对应关系，计算出番茄在空间坐标系中的 X，Y，Z 坐标，完成三维定位。流程图如图 4-27 所示。

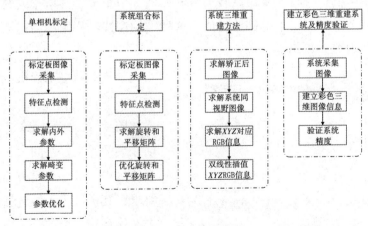

图 4-27　番茄采摘机器人双目视觉系统的三维重建流程图

108

运用双目视觉系统对番茄图像进行处理时，首先对番茄彩色图像进行灰度化处理，采用Otsu阈值分割方法识别出番茄果实，最后利用椭圆模板匹配法进行番茄定位。

（1）图像处理算法　采用归一化的红绿色差法灰度化番茄图像，然后利用Otsu算法将图像分为目标和背景两部分。归一化的红绿色差法是对分割特征R-G进行归一化处理，以消除因光线的影响在 R 与 G 分量中包含的光强信息，其定义式为：

$$NRG\ (x,\ y)=\frac{R\ (x,\ y)\ -G\ (x,\ y)}{R\ (x,\ y)\ +G\ (x,\ y)}$$

其中，R $(x,\ y)$，G $(x,\ y)$ 分别为图像中 x 行 y 列像素点的红色及绿色分量。上式所得灰度值的取值范围为 $[-1,\ 1]$，归一化为：

$$NRG'\ (x,\ y)=\frac{NRG'\ (x,\ y)\ +1}{2\times255}$$

结果如图 4-28 所示。

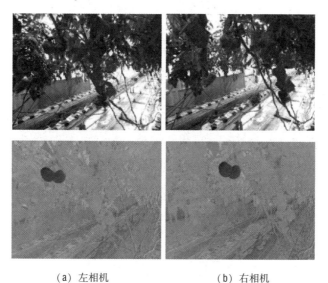

（a）左相机　　　　　　　　　（b）右相机

图 4-28　番茄图像红绿色差归一化效果图

采用Otsu算法对番茄图像红绿色差归一化后的图像进行阈值分割，结果如图 4-29 所示。由图 4-29 可知，Otsu算法能够效地提取出目标区域，避免了枝叶等复杂环境的影响，为后续目标识别提供了良好基础，同时降低了运算量。然而，Otsu算法无法将互相遮挡的番茄有效分成单目标区域。因此，需引入椭圆模板匹配法，创建一个椭圆模板，对灰度图像进行椭圆模板匹配，解决因目标相互遮挡导致的区域粘连问题，当椭圆模板匹配的圆心在 Otsu 阈值分割的区域内时，判定该椭圆为番茄目标，否则舍去这个椭圆，最终识别出一幅图像中的所有番茄。

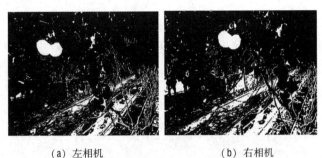

（a）左相机　　　　　　　　　（b）右相机

图 4-29　基于归一化红绿色差灰度化的 Otsu 分割效果图

（2）番茄目标定位　截取彩色图像中上一过程判定的所有番茄所在的矩形区域，分别对左右两图对应的区域进行 harris 角点特征提取，并进行特征点匹配。根据如下公式计算匹配点的三维坐标，最终得到所有点到双目相机的距离，取其平均值作为该番茄的实际距离。

$$X = \frac{-Z\left(\dfrac{W}{2} - x_l\right)}{f}$$

$$Y = \frac{-Z\left(\dfrac{h}{2} - y_r\right)}{f}$$

$$Z = \frac{f_b}{x_l - x_r}$$

$$D = \sqrt[2]{(X^2 + Y^2 + Z^2)}$$

上式中，f 为焦距，b 为基线距。f，b 通过 Q 矩阵可求得。x_l，x_r 为左右两图匹配点的 X 轴坐标。y_r 为左右两图匹配点 Y 轴坐标的平均值，h 为图像的高度，W 为图像的宽度。区域特征匹配结果如图 4-30 所示。

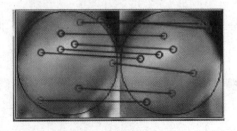

图 4-30　区域特征匹配结果

番茄采摘机械臂电气控制结构如图 4-31 所示。控制系统采用 CAN 通信，机械臂 4 个关节控制器代表 CAN 总线的分布节点，通过 CAN 发送命令给控制器，由驱动器给机械臂发送信号，控制机械臂按照预定指令运动。

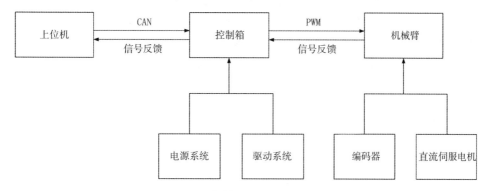

图 4-31　番茄采摘机械臂电气控制结构图

CAN 总线是控制器局域网络，是一种先进的工业控制技术，主要用于设备检测及控制等场合，具有可靠性强和灵活性好的优点，CAN 总线几乎成为工业、农业、医疗等领域的首要选择。番茄采摘机械臂有 4 个关节，采用传统的一对一串口通信方式已不能满足需求，而 CAN 节点可实现点对点、点对多点的发送和接收控制，机械臂的各关节由直流伺服电机驱动，由编码器检测电机的状态并反馈到控制系统，使总线上的其他节点不受影响。机械臂控制过程中，首先对 CAN 模块进行初始化，给每个驱动器分配地址，4个关节的驱动器地址分别为

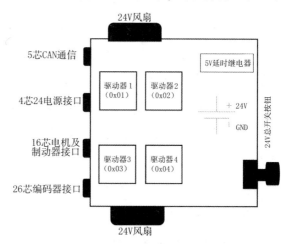

图 4-32　电机控制系统

0x01、0x02、0x03、0x04，帧 ID 分别为 00 00 00 01、00 00 00 02、00 00 00 03、00 00 00 04，通信设备为 GY8507 USB-CAN 总线适配器，能够直接进行 CAN 总线的配置及数据的发送和接收。

机械臂电机控制系统如图 4-32 所示。内部有 4 个电机驱动器，电源为24VDC，外部有 4 个通信接口，分别为 CAN 通信接口、电源接口、电机及制动器接口、编码器接口。

机械臂电机驱动器具有3个光电隔离电路，并且有4种操作模式和3种控制模式，分别为脉冲控制模式、模拟量控制模式、网络指令模式、独立运行模式、速度、位置和电流控制模式。番茄采摘机械臂控制系统采用网络指令模式和速度控制模式。对机械臂进行控制时，机械臂各关节电机分别由控制箱内的驱动器驱动，各关节电气系统分别由直流电机、编码器、制动器和光电开关组成。此外机械臂还装有一个光电开关，用来判断关节运动的方向。为了提高效率，缩短指令的查询时间，设计中将4个光电开关接到一个驱动器上，采用一条指令即可完成查询过程。

4.番茄采摘机器人系统集成与工作流程

王丽丽等研发的移动式番茄采摘机器人可用于温室或者田间栽培的番茄收获，主要由行走底盘、采摘系统、导航控制系统和双目视觉系统4部分组成，属于多用途机器人，通过改变末端执行器与控制程序，可以采摘各种果蔬。行走底盘为车轮式驱动底盘，加装了主控计算机、电源箱、采摘辅助装置、直流电机；采摘系统包括基座、腰关节、肩关节、肘关节、腕关节和末端执行器。机械手安装在移动车体上，底座与升降平台固定连接。机械臂为 RRP 结构，采摘作业由末端执行器完成。如图 4-33 所示。

1. 行走系统　2. 采摘系统

3. 激光导航系统　4. 双目立体视觉系统

图 4-33　番茄采摘机器人总体结构图

番茄采摘机器人为电力驱动，使用维护方便，动力性能好；车轮式结构适合大棚和田间的果园采摘环境，稳定性与通过性好；高地隙底盘的设置满足了高位采摘作业的需求，具有较大的作业空间；四轮行走驱动能实现不同挡位的调速，结构简单，可靠性高，经济性好。采摘机械手采用一种四自由度串联关节型结构，具有良好的运动特性与较大的工作空间。

系统工作流程为：机器人行走底盘按照导航系统事先规划好的路径自主行驶，同时安装在机械臂的双目立体视觉系统开始工作，将成熟番茄与背景颜色特征的差异信息进行图像分割，用于识别作业区域内是否有待采摘的成熟番茄。当系统检测到采摘对象时，机器人停止前进，视觉系统进一步对番茄进行精确定位，最终获取成熟番茄准确的空间位置。机械臂根据定位信息引导末端执行器到达目标点，然后夹持和采摘果实，并放入收获篮中；机械臂复位，采摘扫描区域内下一个目标点。完成此次采摘作业后机器人继续前进，直至再次扫描到成熟番茄，继续采摘作业，到达预设的路径终点后即完成整个采摘过程。流程图如图 4-34 所示。

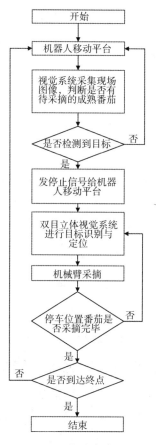

图 4-34　番茄采摘机器人工作流程图

二、茄子收获机器人

（一）研究概况

茄子品种众多，在我国广泛种植。茄子营养丰富，食用适量茄子有助于防治高血压、冠心病等疾病，因此茄子受到大众喜爱。使用简易的机械收获茄子容易损伤果实，采用高度自动化和智能化的收获机器人可以解放劳动生产力、提高生产效率，因此研究性能更优的茄子收获机器人具有重要的意义。基于此，南京农业大学的姚立健对茄子收获机器人的视觉系统和机械臂避障规划进行了研究。

（二）关键技术

1.茄子图像分割

对于真彩色的图像处理通常遵循选择合适的色彩空间和确定合适的分割策略2个基本原则。RGB颜色模型和HIS颜色模型各有优缺点，RGB颜色模型容易采用硬件实现，但HIS颜色模型更符合人的视觉特效。通过分析发现，茄子图像在H通道下，目标和背景的阈值分布差距明显，符合阈值分割法的要求。分割阈值的选取是阈值分割的关键步骤之一，采用最大类间方差的方法实现图像分割，采用遗传算法自动选取分割阈值，利用标注法对二值图像的各连通区域进行面积统计，保留最大面积预取，通过实验发现，经过上述步骤处理后的图像噪声依然很大。选取R-B、G-B和H作为输入特征向量，进行自组织学习的特征聚类，采用SOFM神经网络方法分割图像的效果优于单一的色差或者色调阈值分割。并且增加纹理特征等其他输入特征量，对各特征向量加权以区别主次，可以达到更好的分割效果。

2.有部分遮挡的目标识别方法

自由生长的茄子其空间位置不定，图像采集时，目标被遮挡的问题会造成采摘目标位置的误判，影响目标定位的精度。Hough变换和广义Hough变换因其良好的判别能力而被广泛应用。采用广义Hough变换法检测目标时，首先采用广义柱描述目标茄子的形状，提取表面的二维边缘轮廓，然后采用GHT研究不同视角和不同遮挡程度的茄子位姿。研究表明，采用GHT检测出的目标位置较实测位置更接近于模拟位置，GHT在检测不同位姿的多果遮挡效果较好。

3.摄像机标定和双目立体视觉系统

机器人视觉系统的主要任务是根据可视化的茄子图像信息以获取需要抓取的目标空间位置信息和几何信息。采用张正友标定法确定摄像机的内外参数，并利用最小二乘法对参数进行优化。

双目视觉测距法是仿照分类双目感知物体距离的一种方法，根据双眼视差反应目标物体的深度。平行式双目视觉系统如图4-35所示，首先使用2个完全相同的摄像机从不同位置获取同一目标的图像，通过实验确定2个摄像机的基线长度。根据摄像机的内外参数和基线建立茄子收获机器人的双目立体视觉系统。

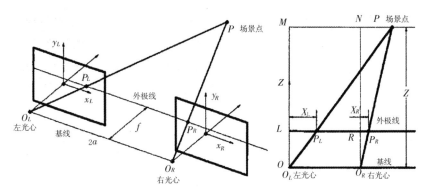

图 4-35　双目立体视觉原理图

4.茄子目标位姿信息的获取

基于上述研究结论，将获取的图像经过均值滤波器滤波后进行 SOFM 网络聚类，采用改进型广义 Hough 变换求取二值图中的形心坐标，作为立体匹配的特征，通过双目立体视觉系统，恢复自然环境下生长的茄子的位姿信息，为机械手提供准确的抓取目标信息。

5.机械臂避障路径规划

对于收获机器人来说，除了具备识别目标果实并准确定位的功能外，还应实时为机械臂规划合理路径。以如图 4-36 所示具有五自由度的 SCORBOT-ET 4u 型机器人为对象，根据茄子的生长特点，将空间障碍等效为轴截面为矩形或圆的圆柱环，并将工作空间中的障碍物等效模型映射到 C-空间中，在 C-空间选用 A* 算法对避障路径寻优。机械臂 C-空间如图 4-37 所示。

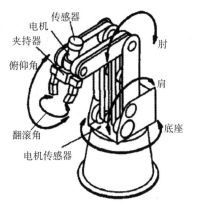

图 4-36　SCORBOT-ET 4u 型机器人示意图

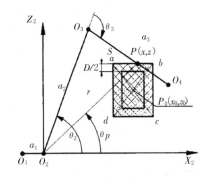

图 4-37　机械臂 C-空间示意图

机器人通过 C-空间确定物理或者自身位姿。一种好的结构空间表示法要尽量减少规划算法的维数，提高算法效率，C-空间障碍仅对障碍物模型的边缘点计算就可以计算。对于机器人来说，A* 启发式搜索算法是计算最优路径的经典算法，优点是可以和所有能转化成图像的结构空间描述法结合使用。该算法的原理是在一个有限解的空间集中，利用估价函数，评价每次决策的代价，进而求出最优解。A* 搜索算法搜索树如图 4-38 所示。经过实验表明，这种规划避障路径的方法计算量小，实时性好，适用于茄子收获机器人。

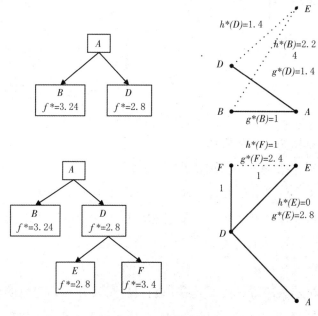

图 4-38　搜索树

三、黄瓜收获机器人

（一）研究概况

黄瓜是世界性蔬菜，种植广泛，而且大多数人将黄瓜作为水果食用，目前我国收获和分类黄瓜的主要方式是人工作业，存在工作效率低、劳动强度大的问题，而且还可能因为人为因素造成分类误差，难以满足现代化农业的要求，因此研究黄瓜收获机器人具有十分重要的意义。定位技术和视觉技术是黄瓜收获机器人的关键技术，基于此，王海青对黄瓜收获机器人的视觉系统进行了研究。

（二）关键技术

1. 基于光谱分析技术的黄瓜与茎叶识别

基于光谱分析技术的识别方法具有对研究对象本身色彩不敏感、处理方法简单等优点，已广泛应用。在波段 690~950nm，黄瓜与茎叶的反射系数差别大，且反射率稳定，容易区分，所以将光谱分析技术用于黄瓜检测是可行的。采用 SupNIR-1000 近红外光谱分析仪对 138 个样本进行光谱数据采集，按照 108∶30 的比例将样本分为校正集和验证集。之后，采用平滑点数为 2 的 Savitzky-Golay 平滑法对数据进行预处理，根据马氏距离结合主成分分析的结

116

果筛选剔除 7 个异常样本。通过如图 4-39 所示的预测光谱残差平方和与主成分数对应图可知，采用交互法得到建模最佳主成分数为 7。

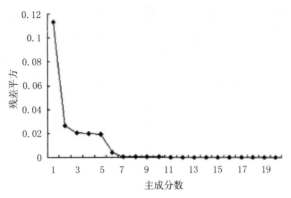

图 4-39 预测光谱残差平方和与主成分数对应图

在 690-950nm 波段内对 101 个样本建立 PLS 模型，并对模型进行交叉验证，得到如表 4-3 所示结果，说明该模型线性特征良好。

表 4-3 PLS 建模和交叉验证结果

参数	校准	交叉验证
要素	101	101
相关性	0.993 71	0.993 32
偏离率	4.3×10^{-5}	-0.000 03
建模标准差	0.022 04	
交互验证标准差		0.022 71

2. 图像的颜色分析与增强处理

利用机器视觉系统采集黄瓜图像，通过对 RGB 颜色空间、YCrCb 颜色空间和 HIS 颜色空间中黄瓜图像里黄瓜和茎叶色差的比较分析，发现图像从 RGB 颜色空间转到其他颜色空间会产生问题，均不适合作为黄瓜图像的预处理方法，因此选择 RGB 颜色空间。由于客观因素的影响，图像整体偏亮或偏暗、局部细节的灰度差别并不明显突出，所以要对图像进行增强处理。将顺光灰度图像、逆光灰度图像分别与其对应的脉冲耦合神经网络赋时矩阵法、直方图均衡化和脉冲耦合神经网络赋时矩阵法增强后的图像对比，发现采用 PCNN 赋时矩阵法，不仅拉伸了灰度等级，将图像均衡化，同时保留了足够的灰度层数，处理效果较好。

3. 黄瓜图像分割

由于成熟黄瓜与其茎、叶的颜色相近，而且表面颜色也可能因为各种客观因素变得不均匀，采用单阈值分割方法很难取得理想的分割效果，需要对适合的分割方法进行研究。PCNN 是一种自然的分割方式，但存在参数复杂的缺点，基于此，降低了神经元连接通道信号的复杂性，自适应确定模型中的参数。改变后的 PA-PCNN 模型更加适于图像自动分割，神经元模型如图 4-40 所示。

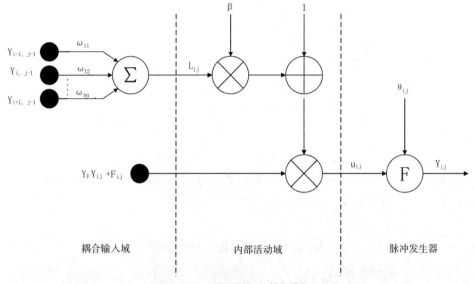

图 4-40 PCNN 神经元单元模型

　　分割时，合理选择 PCNN 模型参数后，PCNN 分割结果还与循环迭代次数相关，将二维直方图和 Tsallis 熵结合应用于图像分割，将二维 Tsallis 熵最大值作为 PCNN 迭代次数的选择标准。试验发现，基于二维 Tsallis 熵最大终止准则的 PCNN 可取得良好的分割效果。将传统 PCNN 与 PA-PCNN 用于试验，经过如表 4-4 所示的试验数据对比，发现 PA-PCNN 的分割效果较好。

表 4-4　不同分割结果分析统计

黄瓜图像	传统 PCNN			PA-PCNN		
	目标分割正确率	背景错误分割率	平均正确分割率	目标分割正确率	背景错误分割率	平均正确分割率
图 1	0.937 4	0.402 6	76.74%	0.864 4	0.167 1	84.86%
图 2	0.925 5	0.628 6	64.85%	0.888 0	0.335 1	77.65%

4. 基于特征选择的黄瓜识别

　　将黄瓜从背景中分割出来后，前景还存在大量噪声，因此需要对黄瓜及其前景噪声进行分类，便于识别二值图像中的黄瓜。根据黄瓜的生长特点，利用腐蚀法去除大部分的粘连噪声，再利用区域面积统计法，剔除面积小于设定阈值 200 的孤立噪声。在上述处理过程中，图像中的黄瓜形成的部分小的孔洞进行前景孔洞填充，二值图像在一系列形态学运算后形成独立区域。将去除背景的二值图像与源图像进行模板覆盖，将黄瓜从图像中分割出来，进行纹理特征值运算。提取目标参数特征的流程如图 4-41 所示。

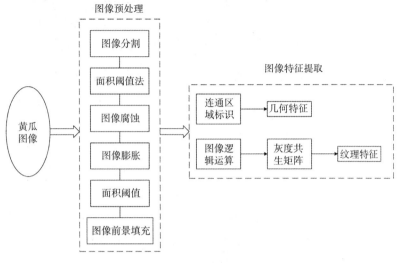

图 4-41　提取目标参数特征流程图

最小二乘支持向量机在标准 SVM 的目标函数中增加了误差平方和项。试验时，按照如图 4-42 所示的流程处理图像，预测结果显示识别正确率为 82.9%，平均识别时间为 1.2s。

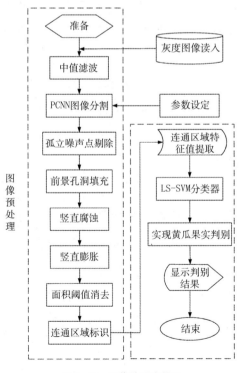

图 4-42　图像处理流程图

5. 遮挡黄瓜的识别

自由生长的黄瓜可能存在被遮挡的情况，遮挡的现象可能造成无法准确识别黄瓜果实或者误判采摘目标位置的问题。针对这个问题，在前人研究的基础上，首先采用广义柱描述空间中的黄瓜形状，并提取其二维投影轮廓，再采用广义霍夫变换，对不同位姿和不同遮挡程度的黄瓜进行识别研究，解决部分遮挡定位的问题。广义模糊霍夫变换对广义霍夫变换的投票方式进行了修改，将模糊的概念运用到投票机制中。采用广义模糊霍夫变换检测图像的流程如图4-43所示。

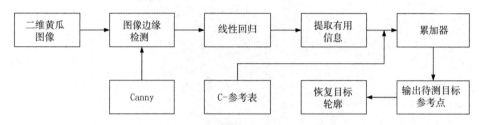

图 4-43　广义模糊霍夫变换检测图像的流程

6. 导航路径检测

传统的霍夫变换是一种穷尽搜索方式，直线检测计算量大，占用较多的内存资源，基于此，采用基于最小二乘法的温室环境行间导航路径的检测方法。获取图像时，将相机放置在行间尽头，并设置相机距离地面1m，相机俯角30°，将采集到的图像进行图像分割、二值图像优化等预处理。为了保证采集到图像的准确度且使图像不畸变，机器人采用间歇性的停顿方式进行工作，实时检测当前导航路径以保证行走路径的正确，拟合导航直线是一条由边界点产生的中心离散点在局部连接成的连续线段组成的最长直线。

四、蘑菇收获机器人

（一）研究概况

鸡腿菇的营养价值高、味道好，长期食用鸡腿菇可提高人体免疫力，因此鸡腿菇栽培在全国范围内逐渐兴起。在鸡腿菇收获过程中，采摘是其重要工序之一，传统人工采摘很难保证作业效率和分选要求，而且在采摘过程中还有可能对果实造成损伤。基于此，研制自动化的采摘机器人成为一种实际需要，具有十分重要的意义。兰州理工大学的邵豪对鸡腿菇采摘机器人的视觉系统进行了研究。

(二)关键技术

1.视觉系统构成

通过对主动视觉和被动视觉的比较分析,选用双目视觉系统作为鸡腿菇采摘机器人的视觉系统,可以满足采摘机器人对视觉系统的定位要求。双目立体视觉系统硬件如图4-44所示。

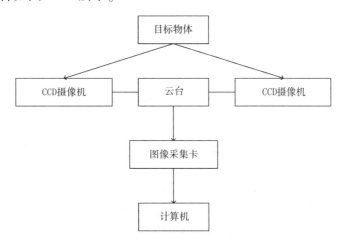

图4-44 双目立体视觉系统硬件构成图

2.鸡腿菇果实识别

边缘是指图像局部特征的不连续性区域,由于外部客观条件可以改变图像区域的明暗和色彩,但不会改变边缘结构,因此鸡腿菇收获机器人中采用边缘检测的方法进行鸡腿菇果实识别。研究发现传统Canny算法在滤波时提取效果不佳,因此在传统Canny算法的基础上,采用双边滤波代替传统的高斯滤波,再结合小波变换增强图像边缘,提取出轮廓信息,鸡腿菇识别结果如图4-45所示,结果表明采用改进Canny算法能够有效提取鸡腿菇菌盖边缘。

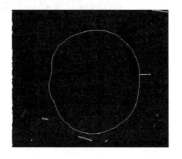

图4-45 基于改进Canny算法的鸡腿菇识别结果

3.双目立体视觉摄像机的标定

采摘机器人视觉系统是由摄像机采集到不同的二维图像信息得到目标果实

在三维空间中的实际位置等信息，摄像机成像模型描述了三维空间中的物体与二维成像对应点之间的关系，通过摄像机标定得到的参数就是该模型的参数。只有摄像机被标定后，才能根据二维图像对目标物体的视差进行三维重建，还原出目标物体在空间中的真实位置。标定方法采用张正友标定法，其流程如图 4-46 所示。

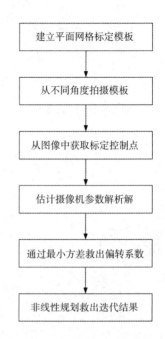

图 4-46　张正友标定法流程图

流程图框内容：

建立平面网格标定模板

从不同角度拍摄模板

从图像中获取标定控制点

估计摄像机参数解析解

通过最小方差救出偏转系数

非线性规划救出迭代结果

4.鸡腿菇特征提取及立体匹配

图像预处理的目的是降低图像噪声、改善图像质量。图像预处理大致包括图像增强、图像变换和图像恢复三类内容，常用的方法有直方图均衡化、图像平滑化、图像锐化等。

由于整幅图像包含的信息太多，直接进行处理效率非常低，可以通过降维，也就是把原始数据变换到特征数据，以改善这一问题。常用的特征提取方法有基于灰度图像的特征提取方法和基于彩色图像的特征提取方法。

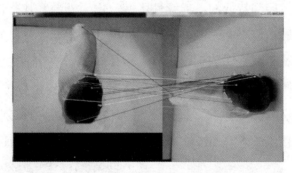

图 4-47　图像匹配效果图

立体匹配是双目立体视觉中一个很重要的问题，通过采用 SURF 图像匹配算法进行试验发现，SURF 图像匹配算法采用 Henssian 矩阵获取图像局部最值的方法较为稳定，图片旋转 90°试验的匹配正确率在 95% 以上，结果如图 4-47 所示。

第四节　水果收获机器人

一、苹果收获机器人

（一）研究概况

收获机器人技术涉及视觉信息收集、图像分割与识别等研究领域，这些技术计算复杂、数据处理量大，是影响机器人工作效率的关键因素。其上位机软件处理数据的负担越来越重，应用深度学习、大数据处理等新技术将会是机器人研究领域持续发展的重要支撑。江苏大学的顾玉宛等对苹果采摘机器人关键技术开展了研究。

（二）关键技术

1. 苹果采摘机器人整体结构

苹果采摘机器人主要包括两部分：二自由度移动载体和五自由度机械手。底盘采用履带式移动平台，其上加装了主控计算机、电源箱、采摘辅助装置和多种传感器；五自由度机械手固定在履带式行走机构上，其机械臂为 PRRRP 结构，末端执行器固定在机械臂上。苹果采摘机器人结构如图 4-48 所示。

机械手第一个自由度为升降自由度，中间 3 个自由度为旋转自由度，第五个自由度为伸缩自由度。第一个自由度主要起抬升机械臂的作用；第二个自由度带动机械臂绕腰部旋转；第三、四个自由度是旋转轴，起升降末端执行器

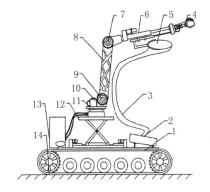

1. 履带小车　2. 收集筐　3. 柔性带
4. 末端执行器　5. 收集装置　6. 电动推杆
7. 小臂电机　8. 大臂　9. 大臂电机
10. 腰部电机　11. 腰部　12. 升降台
13. 电源及动力控制设备　14. 地面

图 4-48　苹果采摘机器人整体结构图

的作用，中间二、三、四自由度能够实现末端执行器在工作空间中可以朝向任意方向；第五个自由度根据机器人控制指令，将末端执行器送到目标果实的位置，进而实现对果实的采摘。

同其他结构形式相比，关节型结构对于到达三维空间中的任意位置和调整姿态是最有效的。采摘机器人的作业对象在果树上是随机分布的，并且其分布

空间较大，其周围可能存在较多的障碍物。多自由度的关节型机械手具有拟合空间任意曲线的功能，机器人控制系统通过控制相应关节的运动，使得固定在机械臂上的末端执行器在到达作业目标位置的过程中，能够有效躲避障碍物，因此采用多自由度关节型机械手作为果实采摘机器人的本体结构。此外，末端执行器类球形夹持机构的开合采用气泵作为动力源，较大的开度可以适度补偿目标果实及机械本体的位置误差，其上的旋转式果柄切割装置可以不用检测果实果柄的位置进而调整末端执行器的姿态即可让果实脱离树枝完成采摘，这样可以减少相应算法的复杂度，减少计算量。

2.苹果采摘机器人并行系统构架

采摘机器人一般由导航承载平台、目标识别与定位装置、机械臂和末端执行器4个部分组成，可分为上、下位机两级控制模式，上位机实现目标识别和采摘位置定位等功能，下位机根据上位机的信息实现对机器人系统的运动控制，并行系统框架如图4-49所示，主要研究软件系统的并行化处理。下位机主要是硬件部分，上位机可分为硬件和软件部分。

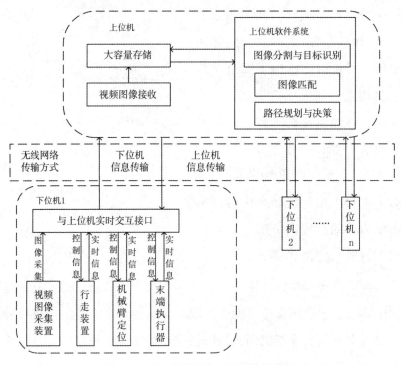

图 4-49　苹果采摘机器人并行系统框架图

从软件设计的角度来看，MR 是一个把要处理的程序或者大规模数据自动划分的并行处理理念。划分后，再将处理的结果进行汇整等操作，得到最后运行结果。MR 工作流程图如图 4-50 所示。

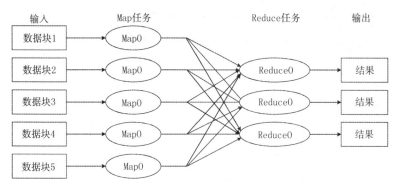

图 4-50　MR 的处理流程图

如图 4-51 所示的 Hadoop 分布式并行编程框架，是可实现的 MR 编程和计算的专用模型。

图 4-51　Hadoop 框架

3. 苹果收获机器人避障预测模型并行决策树构造

决策树是一种分类方法，属于监管学习。通常情况下，决策树代表的是条件属性与值之间的对应关系，是机器人避障的预测模型。ID3 算法是最常用、最有效的决策树数据挖掘算法，但在 ID3 算法的应用实践中存在诸多问题，因此在机器人避障决策树状态空间多条件属性中引入属性集依赖度，提出基于属性集依赖度的 ID3 算法，属性集依赖度在考虑属性间相互依赖的基础上去除冗余属性，简化决策树。结合机器人避障训练样本数据量大的特点和 MR 模型处理大规模数据的能力强的特点，提出基于 MR 和属性依赖度的机器人避障并行决策树算法，其流程如图 4-52 所示。研究发现该模型总体预测率可达 93%，不发生突变的预测准确率为 100%，存在突变情况的预测准确率为 86%。

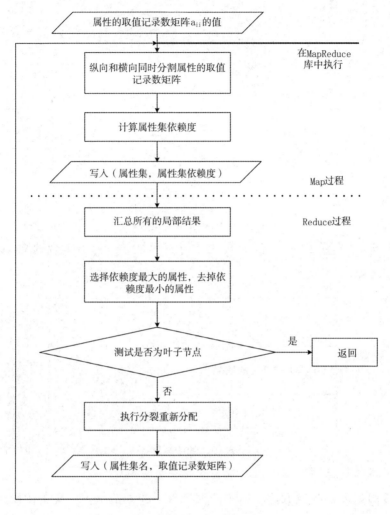

图 4-52 MR 并行流程图

4.基于分级嵌套串匹配的并行图像匹配技术研究

图像匹配是图像处理的基本技术，在物体辨识和目标识别等方面有广泛的应用。利用集群并行计算的思路提出一种图像匹配的并行方法，可以处理数据量大的灰度阵列信息，在不降低相似度量的前提下改善匹配速度，提高匹配系统的实时性。其基本思路如下：首先把二维图像分别向 X、Y 轴进行一维投影，然后利用一维差分量化法将其一维投影转换为一组由 0、1 数字构成的用于描述模板和图像特征的字符串，利用基于同构集群的分级嵌套串匹配并行算法在 KMP 算法的基础上对图像和模板直接进行预处理匹配。并行改进算法如图 4-53 所示。匹配成功后，继续执行 NC 的精确匹配，既可以保证匹配效果，又提高了匹配速度。

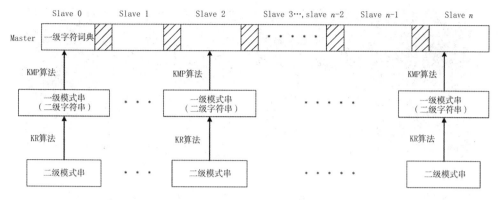

图 4-53　并行改进算法框图

5.基于空间特征的谱聚类含噪图像分割的并行优化算法

谱聚类算法对图像的离群点和噪声的影响敏感，越来越大的图像信息量和越来越高的精度要求对存储和计算都是负担。针对图像像素与邻近像素的空间关系、离群点对聚类质量的影响和海量图像数据的并行处理问题，采用基于空间特征的谱聚类含噪图像分割的并行优化算法提取像素的三维空间特征点，以代替原来一维灰度的距离计算，利用相似矩阵离群点的线性表示进行调优以改进基于空间特征的谱聚类含噪图像分割算法，基于 MR 并行技术的 Mapper 和 Reducer 函数的验证和比较分析，试验过程如图 4-54 至图 4-59 所示。

图 4-54　获取的原始苹果图像

图 4-55　加载噪声（其中高斯噪声为 0.01、椒盐噪声为 0.01）

图 4-56　谱聚类算法的图像分割

图 4-57　基于空间特征的谱聚类算法的图像分割

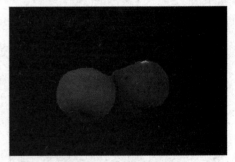

图 4-58　离群点优化的改进算法的图像分割

图 4-59　基于 MR 优化算法的图像分割效果图

二、柑橘收获机器人

（一）研究概况

柑橘作为世界第一大类水果，在过去 30 年里，产量增长迅速，但收获采摘占据整个柑橘生产作业量的一半左右，由于采摘的复杂性，采摘自动化程度

128

很低,目前还面临着许多问题。一方面,由于柑橘的产量大,且集中在同一时间成熟,因此果农需要在短时间内完成柑橘采摘、保存等任务,减少果实的掉落、腐烂,避免因此带来的经济损失;另一方面,严重的老龄化问题导致劳动力资源匮乏,果农劳动强度大、工作效率低。为了解决这些问题,国内外研究团队展开了一系列研究,彭辉等基于计算机视觉对树上柑橘自动识别和定位技术进行了研究。

(二)关键技术

1.柑橘收获机器人双目立体视觉系统

双目立体视觉系统,简单来说,就是使用不同位置的 2 台摄像机(CCD)获取 2 张或 2 张以上的图像,利用某一空间点在图像中的误差恢复该点的三维信息。该系统流程如图 4-60 所示。

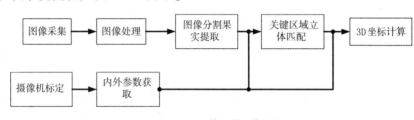

图 4-60 双目立体视觉工作流程图

该系统硬件涉及的主要仪器设备如表 4-5 所示。

表 4-5 主要仪器设备表

仪器设备(数量)	型号和规格说明
CCD 摄像机(2 台)	DH-HV1351UC, H1280×V1024, USB 接口
镜头(2 个)	Computar M1214-MP 焦距:12mm
三脚架(2 个)	Canon 三脚架
便携式手提电脑(1 台)	Intel 酷睿双核 i5 M540,主频 2.53G, 内存 4G,硬盘容量为 320G
台式计算机(1 台)	Intel 酷睿双核 6300,主频 1.8G,内存 2G,硬盘容量为 500G
单反数码相机(1 台)	Canon EOS 5D Mark Ⅱ,镜头:EF 24-70mm
图像采集软件(1 套)	HVDevice Performance Version 2.3.8.9

并设置试验系统参数如下:基线距离 100~200mm,测量深度 0.5~1.5m,两摄像机夹角在 30°~45°内。该系统的软件系统核心模块如图 4-61 所示。

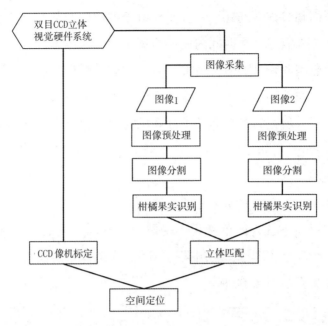

图 4-61 软件系统核心模块图

2. 柑橘收获机器人摄像机标定

要建立起三维空间坐标和采集到的二维图像的关系，需要计算获取摄像机参数，这个过程就是摄像机标定。在摄像机被恰当标定后，才能准确建立三维空间坐标与二维图像的关系，由二维图像中的点坐标推导出对应的空间点的三维坐标，准确定位目标物体的位置。在果实采摘过程中，对目标果实的准确识别和定位是主要任务，因此采用精度较高的二维 DLT 标定算法进行摄像机标定。在标定的过程中，通过基于平面控制格网的方法实现摄像机内外参数的获取，通过标定实验，发现二维 DLT 标定方法有较好的稳定性和准确度，并且可以通过调整摄像机位姿，减小垂直视差。

3. 柑橘收获机器人图像采集与预处理

采用单目图像采集和双目图像采集 2 种方法采集图像，单目图像主要用来研究最佳的采集环境和拍摄方式、最合适的色彩空间、最合理有效的图像分割和目标提取算法等，而双目图像是在单目图像的研究基础上，研究可靠的立体匹配方法，进而实现较准确的三维空间计算，双目视觉系统采集的双目立体图像如图 4-62 所示。预处理采用直方图均衡化、R-B 灰度化、二值化和蒙版计算、中值滤波去噪以及基于形态学的处理方法，奠定了图像分割、目标识别和提取的基础。另外，还校正了立体图像，将拍摄的图像变换为理想的图像，为图像的快速立体匹配奠定基础。

（a）左图像　　　　　　　　　　　　　（b）右图像

图 4-62　双目视觉采集系统采集的柑橘立体图像

4.柑橘收获机器人图像分割及果实提取

柑橘图像预处理后，经过大量的图像分割和果实提取方法试验，发现对于树上的果实来说，相互重叠或者相互遮挡的现象屡见不鲜，也就是说没有位于同一位置的果实，果实必然有着不同的空间位置关系，而物体的三维空间距离可以通过视差图像上的灰度值来反映。通过视差图像，利用处在不同空间距离的物体会有不同的灰度值反映这一特点对图像进行分割，可以更有效地将重叠果实区域进行分离，重叠柑橘果实分离结果如图 4-63 所示。此外，通过子图分解和圆形度计算试验以及 RHT 检测圆试验，发现基于子图分解的 RHT 方法不仅能够提高时间效率，还可提高柑橘果实的识别正确率，平均识别正确率为 83.3% 。常规的 RHT 和基于子图分解的 RHT 的识别过程分别如图 4-64 和 4-65 所示。常规的 RHT 和基于子图分解的 RHT 的识别率统计表如表 4-6 所示。

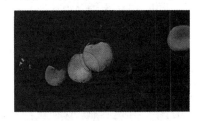

图 4-63　重叠柑橘果实分离结果　　　　　图 4-64　常规的 RHT 柑橘果实提取效果图

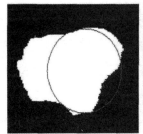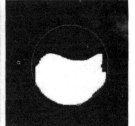

图 4-65　基于子图分解的 RHT 柑橘果实提取效果图

表4-6　两种 RHT 方法的果实识别率比较

方法	比较对象	果实总数	正确识别个数	正确识别率	平均正确识别率
基于子图分解的 RHT	无遮挡	30	30	100%	83.3%
	50%以内遮挡	50	46	92%	
	50%以上遮挡	50	29	58%	
常规 RHT	无遮挡	30	30	100%	63.3%
	50%以内遮挡	50	38	76%	
	50%以上遮挡	50	13	26%	

5. 柑橘收获机器人立体图像匹配

机器人确定目标物体的位置并导航向其前进的过程中，立体图像匹配起着非常重要的作用，但现有采摘机器人双目视觉的匹配方法存在匹配准确率较低的问题，因此结合 SURF 算子和极线约束的匹配方法对此进行了改进。试验时，首先对校正后的图像进行 SURF 兴趣点的检测和描述，然后再采用双向匹配的方法结合极线约束进行特征匹配寻找同名点，进而寻找同名果实区域。试验结果表明，该方法不受果实遮挡的影响，降低了分割精度的要求，提高了匹配的准确率和深度计算的精确度，减小了测量误差。

三、西瓜收获机器人

（一）研究概况

西瓜是夏天人们最爱的水果之一，而此类大型水果主要依靠人工采摘，由于果实体积和重量较大，且易裂的特点，在采摘时需要特别小心，会消耗较多人力与时间，因此研制一款适合西瓜采摘的机器人具有十分重要的意义。随着人们生活水平的不断提高，西瓜种植水平及种植模式也在不断改进。目前已经有采摘苹果、草莓等类型的小型水果机器人，如果能够解决小型水果采摘机器人输出力稳定性差、控制精度低、局部采摘困难等问题，将有利于小型西瓜采摘机器人研制的推进。基于对小型采摘机器人的研究，中国农业大学的纪超研究了一种小型西瓜采摘机器人。

（二）关键技术

1. 西瓜收获机器人信息获取方法

西瓜收获机器人通过采集近红外光谱数据获取信息。由如图 4-66 所示的光谱反射特性曲线图可知，在780~920nm波段果实的反射率明显高于其他测试项，尤其在850nm附近波段差别显著，可作为分割西瓜果实与背景信息的重要依据。

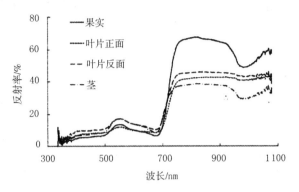

图4-66　小型西瓜果实、茎、叶片正反面光谱反射特性曲线图

通过如图4-67所示图像采集系统采集800~900nm波段图像，采用图像灰度特征分析和图像分割方法2种预处理方法。

图4-67　西瓜图像采集系统图

根据西瓜类球属性，用"米"字形匹配模板进行二值化图像检测，采用如图4-68所示流程的算法进行果实识别，可实现西瓜目标识别与定位任务，模板检测算法处理结果如图4-69所示，由图4-69可知：对二值化图像进行"米"字形模板检测相当于对西瓜区域进行了等比例浓缩，保留了西瓜的基本

形状，去除不相连的噪声及小面积干扰物，同时削弱了果实粘连的影响。

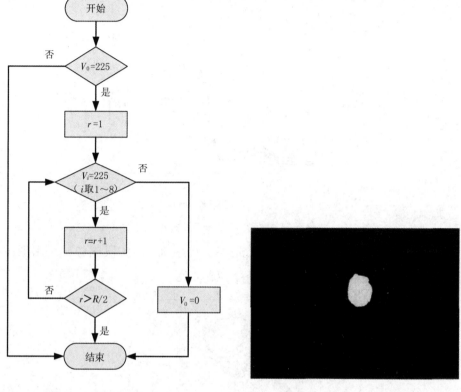

图 4-68　果实识别算法流程图　　　　　　图 4-69　西瓜模板检测处理结果

2. 西瓜收获机器人采摘作业信息获取

视觉系统识别到果实以后，在电机驱动下，机械臂运动带动末端执行器到达作业位置，通过机械手爪抓取果实，切刀切断果梗，然后机械臂将末端执行器定位至果实回收筐的上方，机械手指张开，西瓜落入果实筐，完成一次西瓜采收。西瓜末端执行器如图 4-70 所示。该装置分为上下两层：下层负责抓取果实，主要由主动齿轮、从动齿轮、连杆、机械手指等组成；上层负责切断果梗，主要由摆动气缸、切刀等组成。末端执行器运动至采摘空间点后，由步进电机驱动主动齿轮旋转，与主动齿轮相啮合的从动齿轮反向旋转，两齿轮分别拉动连杆使机械手指合拢，为避免手指合拢过程中损伤果实，两手指内侧均贴有橡胶垫；通过切刀旋转将果实与植株本体分离后，机械臂将末端执行器定位至果实回收筐上方，步进电机驱动主动齿轮反转，使两机械手指反向运动，西瓜在手爪张开后受重力作用落入果实筐中，完成一次西瓜采收。

3.西瓜收获机器人采摘点和切割点定位

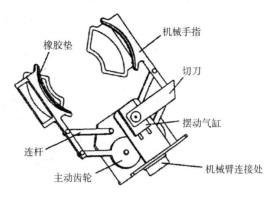

图4-70　西瓜末端执行器示意图

对于类球形果实，采摘点一般定位在果实球心处，这是机械臂手爪定位的最适宜目标点。选取切割点时，对灰度图像进行阈值分割后采用分块定位法计算二值化矩形兴趣区内的切割点坐标。将矩形兴趣区按行等分成 10 个分块，切割点所在"行块"即为过渡块的下一分块，再将矩形兴趣区按列等分成 10 个分块，切割点所在"列块"即为白色像素最多的分块，目标行与目标列的交点即为果梗切割点。研究表明，采摘点与切割点定位准确率分别为 93% 和 88.4%。

四、猕猴桃收获机器人

（一）研究概况

随着我国猕猴桃产业的不断发展，猕猴桃越来越受到人们的青睐，中国成为世界上猕猴桃种植面积最大、产量最高的国家。随着农业生产科学技术不断进步，以及国家对农业发展的大力支持，使用猕猴桃采摘机器人代替人工采摘作业成为现实。猕猴桃采摘机器人的自动导航技术是猕猴桃采摘机器人的重要组成部分。近年来视觉导航方法成为国内外专家学者的研究热点，其关键在于通过图像处理技术获取图像中的目标信息，利用相关的算法准确地提取导航基准线。

猕猴桃采摘机器人是具有高度非线性的复杂系统，猕猴桃采摘机器人同一般的机械系统相似，其机械结构和参数确定之后，通过数学模型描述自身的动态特性。猕猴桃采摘机器人的控制过程可以使用经典的控制理论和数学模型，但是在实际环境生产作业的过程中，猕猴桃采摘机器人运动模型具有较多的不确定性。

目前，现有的研究均是基于仿生人工采摘的方式，进而确定机器人总体的结构和功能，虽然实现了猕猴桃的机械化采摘，但是采摘机器人的工作效率较低，因此需要对采摘机器人的多项关键技术进行研究和创新。基于此，西北农林科技大学连续多年开展了猕猴桃收获机器人关键技术的创新及其机器人的研发。

（二）关键技术

1.猕猴桃收获机器人整体设计

机器人采用多机械手方案可以提高采摘速度和效率。多机械手采摘机器人的整体设计方案如图 4-71 所示。

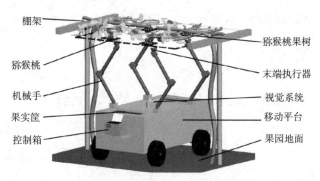

图 4-71　多机械手采摘机器人的设计方案

试验时，通过单只机械手重复作业依次采摘各个分区的果实来验证机器人是否可以实现连续采摘，试验样机如图 4-72 所示，移动平台的相关参数见表 4-7。

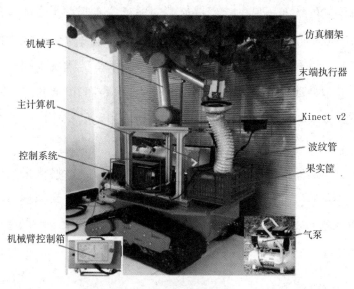

图 4-72　机器人试验样机

表 4-7　移动平台相关参数

项目		参数
尺寸	外形尺寸	1 100mm×800mm×460mm
	底盘高度	120mm
	履带宽度	150mm
	接地长度	740mm
重量	自重	170kg
	载重	100kg
电池	类型	锂电池
	容量	30AH
	电压	48V
工作时长	小时	2h

在猕猴桃收获机器人的采摘过程中，摄像机先拍摄棚架底部的猕猴桃图像，然后视觉系统对图像进行处理，以检测果实并且在三维立体空间中定位，控制系统定位目标果实的位置并将信息分配给机械手，通过最优路径规划达到目标果实的位置。采摘机器人的机械手作业流程图如图 4-73 所示。

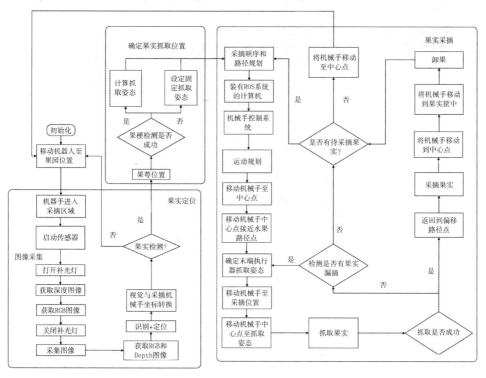

图 4-73　猕猴桃收获机器人工作流程图

2. 猕猴桃收获机器人目标识别与定位方法

基于改进K-means的猕猴桃全视场目标果实识别方法，主要针对棚架式栽培猕猴桃簇生以及果萼特征明显的特点，以果萼为识别目标，可以实现后期对簇生猕猴桃局部重叠果实目标高效精准的识别提取。基于卷积神经网络（CNN）的猕猴桃识别算法无法有效解决全视场复杂环境下受叶片遮挡或者果实相互遮挡的猕猴桃精准识别问题，提出一种基于改进 AlexNet 的全视场猕猴桃目标识别方法以解决这一问题，使用 Im-AlexNet 模型检测猕猴桃果实，识别模型将每一个果实用标记框进行标注，并显示该目标果实的准确率，如图 4-74 所示。根据果实图像中标记框中心点像素坐标确定猕猴桃的准确位置，如图 4-74（b）所示。识别结果输出标记框中心点，坐标为红色点位置。猕猴桃果实 RGB 图像标记框中心点像素坐标，映射到深度图像的深度值，输出果实空间坐标位置，如图 4-75 所示。存储坐标数据，计算出相机坐标转为机械手基坐标系的准确位置。

（a）猕猴桃果实原始图像　　　　　　　（b）图像识别结果

图 4-74　猕猴桃果实识别结果

图 4-75　猕猴桃果实坐标定位结果

试验发现，Im-AlexNet 模型对目标的平均识别精度可达 96%。2 种模型的识别算法性能比较如表 4-8 所示。

表4-8 2种模型的识别算法性能比较

序号	识别方法	改进 K-means	Im-AlexNet
1	识别精度	87.05%	96.00%
2	每幅图像识别时间（多簇果实）	7.2s	1s
3	遮挡图像识别精度	无法识别	94.75%
4	田间复杂环境适应性	较差	较好

基于上述 AlexNet 的目标识别结果，采用 Kinect v2 获取图像时，Kinect v2 与机械臂应始终位于同一水平轴线，且两者水平距离为 600mm，按照如图 4-76 所示位置安装相机后，进行相机标定。

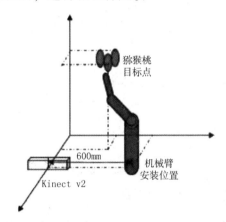

图 4-76 图像采集示意图

通过采集装置获取猕猴桃果实 RGB 图像后，将其传输至计算机，用以检测图像中的果实位置，识别后提取图像中果实的坐标。然后 Kinect v2 通过红外摄像头拍摄深度图像传入计算机，根据深度图像生成点云集，将获取图像中的果实坐标映射到点云集中即可得到果实的三维坐标，将此三维坐标转换为机械手底座三维坐标，为机器人精准采摘提供坐标位置。

3. 猕猴桃收获机器人机械手采摘任务分区

现有采摘机器人大多只有一个机械臂，采用多机械手协同作业的方法可以提高采摘效率，多机械手协同作业的关键是将采摘任务合理分区并将采摘顺序合理规划。研究多机械手任务分区时，采用如图 4-77 所示流程的 K-means 聚类算法进行任务分区，避免机械手作业时相互干扰，避免机器人采摘作业时损伤相邻的果实，为机器人连续作业提供基础。为了保证机器人采摘时机械手不受干扰，需要确保分区正确且交叉区域内没有果实。

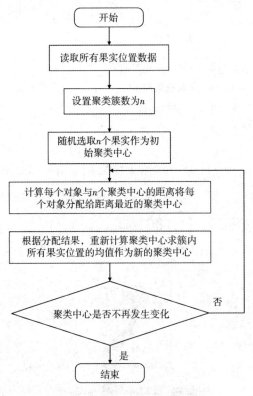

图 4-77 K-means 聚类算法流程图

4.猕猴桃收获机器人多机械手采摘顺序规划

对机械手采摘顺序进行规划，可使采摘机器人选择最短路径进行作业，以达到提高采摘效率的目的，基于此，采用模拟退火算法解决果实规划果实采摘顺序，模拟退火算法的流程图如图 4-78 所示。通过试验验证，发现在猕猴桃采摘作业中，使用模拟退火算法规划，平均采摘路径长度为 857mm，果实覆盖率为 99.68%，通过缩短机械手的移动距离达到了提高采摘效率的目的。

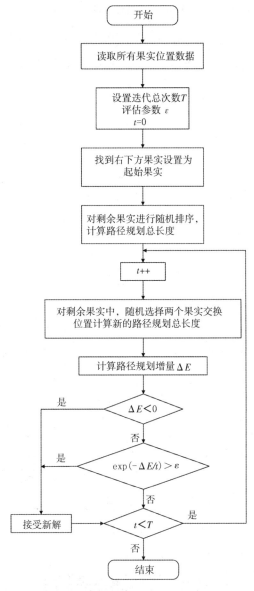

图 4-78 模拟退火算法流程图

5.猕猴桃收获机器人执行器的运动

根据农艺和猕猴桃人工采摘的特点，选择向下弯曲的采摘方式，末端执行器是机器人完成"抓取—采摘—卸果"等一系列动作的关键部位，末端执行器的样机如图 4-79 所示。

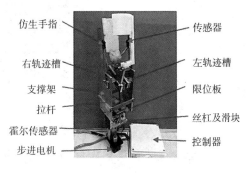

图 4-79 末端执行器的样机

通过 Adams 对末端执行器的连续采摘进行仿真研究，确定最佳分离角度为 60°～70°，此时所需分离力最小。优化了连续采摘的机械手运动轨迹，解决了机械手采摘时间长、采摘成功率低等问题。末端执行器的采摘控制流程如图 4-80 所示。

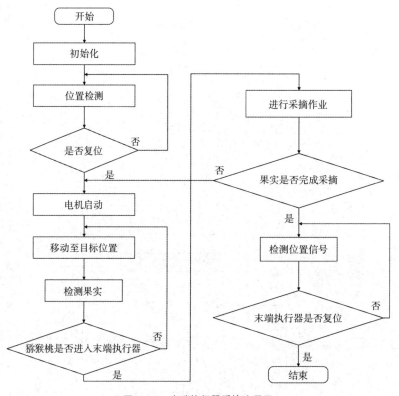

图 4-80　末端执行器采摘流程图

通过如图 4-81 所示的末端执行器和波纹管卸果装置样机试验验证，单果采摘成功率为 94.2%，平均采摘时间为 4～5s，损伤的果实占比 4.9%。

图 4-81　连续采摘末端执行器及卸果装置

6. 猕猴桃收获机器人机械臂采摘位姿控制方法

猕猴桃收获机器人的机械手由六自由度机械臂和末端执行器组成，由于猕

142

猴桃是成簇生长，末端执行器手指要保持水平从底部靠近然后抓取果实才能不损伤果实或者树冠，这就要求猕猴桃收获机器人规划的机械臂运动路径具有较高的精度。基于 ROS 操作系统，采用随机扩展树算法规划机械臂作业时的运动路径，选择采摘作业机械臂的运动轨迹为所规划的最优的最短路径，并将采摘机械臂的运动规划分为以下 3 个步骤：首先，机械臂到达目标果实的位置底部，竖直向上抓取果实；然后，机械臂的工具端进行选择，末端执行器抓持果实旋转角度大于 60°；最后，完成采摘后卸果。

五、草莓收获机器人

（一）研究概况

随着草莓生产相关技术的进步，草莓栽培得到了极大的推广，出现了多种不同的栽培模式。按有无保护设施，可分为露地栽培模式和保护地栽培模式。保护地栽培模式按照保护设施的不同，又可分为塑料大棚栽培和连栋温室栽培，目前国内连栋温室栽培一般出现在农艺展览区或者大型农业企业，农户一般采用塑料大棚栽培。露地栽培模式较适于采用大型的作业机械，但是环境不够结构化，较难实现机器人作业。连栋温室栽培模式的环境较结构化，较适于采用轨道天车式作业机械，易于实现机器人作业。塑料大棚栽培模式，比露地栽培模式空间小，没有连栋温室栽培模式环境结构化，机器人作业难度介于露地栽培和连栋温室栽培之间。

按照整地的不同，草莓的栽培模式分为垄作栽培、高架栽培和盆栽。在国内，无论是否是保护地，一般采用垄作栽培模式；高架栽培模式是近年来由日本兴起的，一般应用于连栋温室；而盆栽一般是家庭观赏装饰用。垄作栽培与高架栽培模式的草莓如图 4-82 所示。据调查，在草莓温室生产中，每亩地需要人工约 55 个，其中收获作业约 45 个，约占整个生产过程的 81%，并且在草莓收获期，每天至少收获 2 次，人工采摘草莓，劳动强度和作业量大。随着农村劳动力向第二、三产业转移以及农村劳动力的妇女化和老龄化，用于生产草莓的劳动力日趋紧张，因此开发一种能够代替人工作业的草莓收获机器人势在必行。

图 4-82　垄作栽培与高架栽培模式的草莓

　　在日本，农业机器人技术已用于水果、蔬菜的拣选、包装甚至收割上。对于草莓，因其形状复杂，果实娇嫩，难于用机械处理，但还是进行了大量关于草莓生产自动化研究，并取得了一定成果。图 4-83 所示的草莓拣选机器人是其中的一种。它的主要工作流程是在皮带传送台上完成的，传送台的两侧各有一个用于推动草莓的直动气缸，传送带的上方装有 CCD 摄像头，当草莓经过摄像头时，整个图像处理系统会根据草莓的外形特征对其等级进行判断，然后由气缸推动相应果实到对应级别的收集机构上，该机器人综合运用了图像处理和神经网络等方面的知识。

　　在日本学者的研究中，有这样一种草莓分选方式：果农采摘时使用波浪形的果盘，这样可以使草莓按规定形式排列，方便机器人分级。机器人使用气吸的方式从萼片和果梗处将草莓吸住，然后转动机械手臂，将草莓放入相应等级的果盘中。基于对草莓分级研究的技术储备，日本学者对草莓收获机器人的研制也走在前列。目前主要有 2 种形式，均采用直角坐标系，其中一种用气动手爪进行草莓的切断和夹取，针对的栽培模式是传统的耕作栽培；另外一种是针对高架栽培草莓，其采用气吸加切断装置收获吊在空中的草莓。

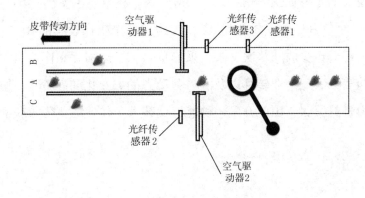

图 4-83　草莓拣选机器人的系统构成图

我国目前的草莓栽培全部都是由人工完成的。在丹东地区，采用钢筋结构的暖棚实现了机械卷帘，免去了每天都要人工卷帘的繁重劳动。但是对于草莓分级和收获自动化的研究刚刚起步。中国农业大学张铁中教授等人率先开展了草莓收获机器人的研究工作，通过图像处理的方法检测草莓在空间上的位置，并控制草莓采摘机器人进行采摘作业。

（二）关键技术

1. 草莓收获机器人采摘执行系统设计

设计一个三自由度的笛卡儿坐标系机械手，建立机器人视觉系统，用来采集草莓图像以及获取目标点的位置。其运动主要由 3 个互相垂直的直线运动（垄坡面向右为 X 正方向、垄坡面向上为 Y 正方向、垂直垄坡面向里为 Z 正方向）复合而成。人工收获草莓时，采用掐断草莓果梗的方法收获草莓，针对这个特点，机器人采摘爪（末端执行器）在收获草莓时，首先由一个夹持机构夹住草莓果梗，再采用一个剪切机构切断果梗，其结构如图 4-84 所示。

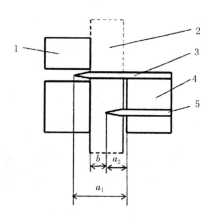

1. 刀槽夹指 2. 果柄 3. 剪切刀片
4. 刀片夹指 5. 夹持刀片

图 4-84 果柄剪切装置结构示意图

机器人在工作时，通过摄像头采集草莓图像，并采用图像处理的方法获得草莓的位置信息。根据该位置信息，确定机器人的动作，然后电机驱动机械手运动，使末端执行器到达指定的位置采摘草莓。在这个工作过程中，摄像机起到了传感器的作用。采摘系统如图 4-85 所示。

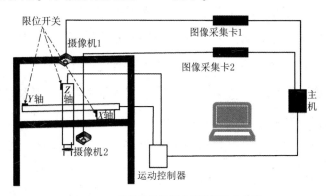

图 4-85 草莓收获机器人采摘系统示意图

2. 草莓收获机器人视觉系统设计

草莓收获机器人视觉系统硬件由 1 台计算机、2 台 CCD 摄像机和 2 张数字图像采集卡组成（图 4-85）。其中摄像机 1 固定在机架上，距离地面较远，获取图像面积大，分辨率低；摄像机 2 安装在机械手的 Z 轴上，可以随机械手一起运动，且摄像机 2 距离地面较近，获取图像面积小，分辨率高。

草莓采摘机器人系统的工作原理如下：摄像机 1 摄取水平地面上收获区域内草莓的图像，经图像分割后提取收获区域内所有成熟草莓的重心位置，计算草莓个数，并按照重心坐标值对草莓排序。当机械手移动到第一个草莓重心处时，摄像机 2 获取该草莓的图像，经图像分割后提取该草莓重心和采摘点位置，驱动机械手收获草莓，然后移动到第二个草莓重心处。循环上面的操作直到收获区域内所有草莓采摘完毕。为最大限度地降低草莓的机械损伤，采用切断草莓果梗的方法采摘草莓。采摘点位于草莓果梗上，距离花梗 5mm 左右。

视觉系统相当于传感器，控制系统根据它所获得的草莓重心坐标以及采摘点的位置指挥机器人做相应的运动。而视觉系统的工作也离不开控制系统的帮助，首先控制系统确定了摄像机采摘图像的时序，其次，摄像机 2 的运动要由控制系统完成。因此，机器人采摘系统是一个有机的整体，视觉系统、机械系统和控制系统彼此联系紧密。

为了确定草莓在空间上的位置，可以首先通过图像处理的方法，确定草莓在水平面上的坐标。然后，通过一个红外传感器，测量草莓在竖直方向的坐标。在草莓的竖直方向的坐标变化不大的情况下，也可以不必测量其竖直方向的坐标，而改用一个触须开关，当触须开关接触到草莓的时候，控制机器人采摘草莓。因此，关键是要确定草莓在水平面上的坐标。

图像分割后得到了包含在不同区域内的像素集合或位于它们边界上的像素集合。当图像中具有多个目标时，为了能单独确定其中每一个目标，则必须对分割后的图像进行区域标记。区域标记即对相互连接的所有像素赋予相同的标记，不同连接成分标记不同。经过区域标记后，计算机就能够通过目标灰度值的变化识别图像中的目标。区域标记方法很多，常见的标记方法有 2 种：递归算法和序贯算法。

（1）递归算法 因递归算法串行处理器上的计算效率是较低的，因此该算法主要用于并行机上。连通成分的递归算法如下。

①扫描图像，找到没有标记的目标像素 p 点，给它分配一个新的标记 L；

②递归分配标记 L 给 p 点的邻点；

③如果不存在没标记的点，则停止，这样一个连通成分就具有了同样的标记 L；

④返回第①步。

（2）序贯算法　序贯算法通常要求对图像进行二次处理。如果图像的邻点（上点和左点）标记不同，则将所有的等价标记记录在一个等价表上。在第二次处理过程中，使用这一等价表来给某一连通成分中所有像素点分配唯一的标记。连通成分的序贯算法如下。

①从左至右、从上到下扫描图像；

②如果像素点为 1，再分以下情况具体处理：

如果上点和左点有一个标记，则复制这一标记；

如果两点有相同的标记，复制这一标记；

如果两点有不同的标记，则复制上点的标记且将两个标记输入等价表中作为等价标记，否则给这一个像素点分配一新的标记并将这一标记输入等价表；

③如果需要考虑更多的点，则回到第②步；

④在等价表的每一等价集中找到最低的标记；

⑤扫描图像，用等价表中的最低标记取代每一标记。

草莓采摘点特征与特征提取如图 4-86 所示。

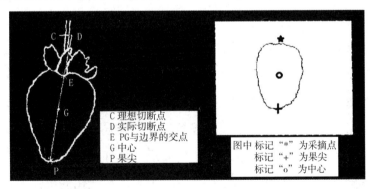

图 4-86　采摘点特征与特征提取

第五节　挤奶机器人

（一）研究概况

随着经济的迅速发展以及现代生活质量的不断提高，人们对奶制品的需求日益增加，高效地获得高品质的奶源已成为现代化养殖的发展目标。在深化社会经济改革的新要求下，国内奶业由传统奶业生产模式逐步向现代化奶业生产模式转变，其发展形式也由产量型转向质量型和效益型，这为奶业机械设备的发展提供了良好的契机。据统计，我国奶牛存栏量每年以 10% 的速度递增，到 2012 年奶牛数量已经超过了 1 440 万头，因此畜牧业的机械化和智能化已成为现代畜牧业和奶业发展的重要内容。

相比机械化作业，传统的手工作业容易导致奶源污染，且存在工作效率低、劳动强度大的问题，并会对长期从事该项工作的人手部产生一定伤害。利用挤奶机械设备不但可以有效地保障奶源的质量，减少劳动时间，还能降低劳动强度。牧场数量的迅速增长以及高效率牧场管理模式对挤奶机械需求的不断增加，挤奶机械设备逐渐发展形成了不同的种类。根据设备的特点，可将其分为 4 类：提桶式、移动式、管道式和厅式。前 2 种相对单纯的人工作业，操作较为安全，但是作用对象单一，人工辅助操作占主要部分，且无法保证奶源的质量。移动式由于自动化水平偏低，现主要应用于养殖量较小的场合。管道式和厅式挤奶机械设备通过真空系统进行挤奶作业，与外界完全隔离，可以有效地保证奶源品质，并在一定程度上减少了所需的人工辅助操作。这 2 种挤奶机械设备趋向于集中化和自动化作业，并能够有效地利用养殖空间，但是难以计量个体的产量，现主要应用于大中型养殖场。以上 4 种挤奶机械设备在保证奶源质量、降低人工操作的复杂度以及设备的维护等方面还有待于进一步提高。

随着自动控制技术和智能识别技术的发展，国外一些生产商结合牧场的需求，推出了全自动智能化机器人挤奶系统。全自动智能化的机器人挤奶系统具有智能识别系统、牛奶品质监测系统、奶牛健康监测系统、自动清洁系统以及连续的全自动挤奶系统等，其中自动清洁系统和连续的全自动挤奶系统主要以机械结构为基础。此机器人挤奶系统的奶牛健康监测系统能够根据获取的奶牛基本信息，在进行作业之前综合分析得到的奶牛数据，对作业对象完成智能筛选。奶牛健康监测系统可有助于操作人员及时对奶牛进行特殊处理，提高总体设备的作业能力。自动清洁系统可以通过挤奶作业前后对作业对象以及奶杯的清洗提高作业的清洁度，避免奶源的二次污染，保证奶源质量。连续的全自动挤奶系统则能够在相同的工作负荷下，通过前面的自动筛选以及相应的数据处理，结合作业对象的需求，设定合适的作业时间间隔，并实时地改变作业频率，确保工作流程安全可控，提高工作效率以及总的奶产量。

基于以上的背景，在畜牧业机械向智能化方向发展的重要时期，有必要研究一种全自动智能化的挤奶机械设备，为奶业的持续发展提供有效技术手段。通过提升全自动挤奶技术与新科技的融合度，使其具有多元化功能，以最大限度地接近无人化全自动挤奶作业，减少操作人员工作量，保证奶源品质，降低经济成本，并能够在单一挤奶作业功能的基础上收集个体信息，实时监测奶牛健康状况，使牧场管理更加高效可靠。

德国 GEA 公司的 AutoRotor Global 90 转盘式挤奶系统为开放式，如图 4-87 所示。AutoRotor Global 90 转盘式挤奶系统主要包括旋转平台、中央轴、挤奶臂和智能软管等。该装置安装简单，经济成本较低，便于操作人员进行实时监控以及后期的设备维护。装置的旋转平台可绕中央轴缓慢转动，通过附加的防滑地板和圆角栏杆，提高了作业舒适度。且挤奶臂具有较高的灵活性，相比于其他类型的机械臂更易完成奶杯组的对接，并能够在智能软管布局和奶杯杯组定位的基础上保证较高的工作效率。2010 年利拉伐公司发布了世界首台转台式挤奶机器人（AMR），如图 4-88 所示。AMR 主要包括中央圆柱形设备、电脑终端、3D 摄像头等，其中每个操作区域由 5 个机械臂共同完成清洗、套杯、挤奶和消毒等动作。AMR 通过 3D 摄像头的实时监控和电脑终端的实时记录显示奶量和运作速度等具体参数，既保证了奶源的品质，又降低了对操作人员的技术要求，适用于各种规模的牧场。

图 4-87　转盘式挤奶系统　　　　　　　图 4-88　转台式挤奶机器人

相比于具有百年发展历史的国外挤奶机械设备，我国挤奶机械设备的研究起步于中华人民共和国成立之后，且发展较为缓慢。1979 年，深圳光明华侨农场引入了第一台商业化挤奶机械设备，随后广州市牛奶公司引入了 4 台鱼骨式挤奶机械设备。随着奶牛业的迅速发展，至 2008 年，北京、天津、上海等城市的养殖场的机械挤奶设备的覆盖率已经超过 80%，大中型的牧场已基本实现机械化作业。2014 年全国挤奶机械设备超过 6 万台。

在不断地引进瑞典、荷兰、丹麦、日本和新西兰等国家先进的挤奶机械设备后，我国通过吸收国外技术，将单一的挤奶站扩展为提桶式、推车式、管道式和鱼骨式等多种形式，并逐渐生产了一些适于我国畜牧业的挤奶机械设备。其中一部分已经达到了较高的技术水平，但是一些重要的零部件在很大程度上还是依赖于国外购买。据统计，我国现有 30 多家符合 ISO 9000 质量认证的挤奶机械设备制造企业，主要集中在黑龙江、内蒙古、北京、河北、河南、山东、上海、广东等地。

1992 年高峰等人研制的 9JH-1 型活塞式挤奶小车，其包括支承架、奶桶、奶杯组、活塞泵、传动装置和管路等部分，如图 4-89 所示。9JH-1 型活塞式挤奶小车为电机驱动，通过减速器减速后带动曲柄转动，然后由连杆推动活塞做直线往复运动（两个行程可以产生真空），最后协调奶杯组和调节阀等主要工作

图 4-89　9JH-1 型活塞式挤奶小车

部件完成挤奶作业。该装置采用能实现旋片泵和脉动器动作的活塞式往复泵，简化了旧式挤奶小车的结构，降低了经济成本，且噪声小，便于后期维护，但容易出现奶源的二次污染问题。

从国内的挤奶机械设备水平来看，小型和中型的设备已经普及。国产设备的操作相对简单，可以长期供应，便于后期的维修。但相比于国外的畜牧业设备，我国挤奶机械设备的研制和使用水平距国外的先进技术还有一定的距离，且国内大中型挤奶机械设备的核心技术以及关键部件依旧依赖于国外的技术支持。总体来讲，国内设备的智能化和自动化还处于中等水平。

近年来国内引入了挤奶机器人，使我国在自动化和智能化机械方向与世界先进技术接轨，但是在自动化水平较高的挤奶机器人方面的研究仍较为落后。

因此为满足国内牧场对挤奶机械设备的不同需求，有必要研究与现代化、智能化和集约化养殖模式相结合，且能够实现个体作业的自动化水平较高的挤奶机器人相关机械设备，以提高牧场的机械化程度和信息化管理水平。哈尔滨工程大学于亚君等人开展了关于挤奶机器人结构设计及其运动性能的相关研究。

（二）关键技术

1. 挤奶机器人的作业对象

挤奶机器人作业对象的生物学特征以及牧场相应的养殖方法是进行总体结构设计的重要依据，也是确定挤奶机器人工作方式的前提。由于中国荷斯坦奶牛是我国牧场饲养数量最多的奶牛品种，因此研究了针对中国荷斯坦奶牛的挤奶机器人。为保证所设计机械结构符合牧场的需求，需确定作业对象的体貌特征参数。

在正常情况下，中国荷斯坦奶牛的体貌特征参数：体长、体高、体宽、奶牛乳头间距、长度、直径和距离地面高度的参考值如表 4-9 所示。

表 4-9　荷斯坦奶牛的体貌特征参数						（单位：　cm）	
体貌特征	体长	体高	体宽	乳头间距	乳头长度	乳头直径	乳头离地高度
参考值	170 ~180	130 ~136	65 ~75	8 ~12	6.5 ~8.5	2 ~3	40 ~60

2. 挤奶机器人运动学模型建立

机器人的运动学分析不考虑力的影响，只研究机器人的关节与组成机器人的各个刚体之间的运动关系。串联机器人的运动学包括正运动学和逆运动学，其中正运动学是指在给定机构中相邻连杆相对位置的前提下，确定串联机器人末端执行机构的位形；而串联机器人的逆运动学则是指在给定工作坐标系中所期望位形的前提下，找出所需位形下串联机器人各个关节对应的输出。

描述机器人运动学的方法有多种，以 D-H 参数法和指数积（POE）公式法2 种应用最多。通常情况下，可将串联机器人看作是一种由若干个单自由度的运动副和刚性连杆形成的空间运动链。第一种方法在此基础上引入了连杆坐标系作为分析的依据，并通过设定 4 个 D-H 参数描述连杆的位姿。该方法建立的连杆坐标系包括坐标系前置和坐标系后置 2 种方式。其中，基坐标（惯性坐标系）一般取在串联机器人的基座位置上，也可根据实际情况另行确定。

第二种方法则是利用旋量理论求解机器人的运动学，该方法仅通过惯性坐标系以及末端执行器固联的工具坐标系描述整个系统的运动关系。根据旋量理论，机构中各个关节的运动是由相连的关节轴线的运动旋量产生。因此，在指数积公式法中，需要建立6个相对于惯性坐标系的参数以描述各个关节的旋量坐标，该方法可以简化复杂空间机构的问题。在挤奶机器人的运动学分析中，通过选择合理的方法获得挤奶机器人的运动学方程。

挤奶机器人的运动范围与挤奶机器人机械臂的结构参数和连接形式直接相关，而挤奶机器人的结构较为简单，此处选用D-H参数法，通过坐标系前置的方式建立挤奶机器人的运动学模型，各构件的位姿可通过固接在各构件上的坐标系相对于惯性坐标系的表达式来描述。

3. 挤奶机器人机械臂结构和自由度确定

在工作过程中，机械手臂主要功能就是实现机械手臂末端执行器工作所需要的姿态。机械手臂末端执行器实现任意位姿就需要机械手臂通过沿3个坐标轴平移的参数和绕3个坐标轴旋转的参数来表示机械臂末端执行器的位姿空间，其具有6个自由度。在实际工作环境中，机械手臂末端执行器只要达到工作环境要求的有限位姿即可，这时我们可以利用少于六自由度的机械手臂来达到和六自由度相同的工作效果，减少自由度数就是在机器人机械手臂设计、控制、装配和加工上减少工作量和不必要的困难。在国内外挤奶机器人中，其挤奶机械臂主要有直角坐标式、圆柱坐标式和关节坐标式3种形式，如图4-90所示。

（1）直角坐标式　此形式的机械手臂前3个关节都是移动关节，关节之间不会发生耦合奇异，运动方向垂直、控制简单、刚性好、精度高。但是占用空间大，工作空间小，整机移动不方便。

（2）圆柱坐标式　该形式的机械手臂由前3个关节由1个旋转关节和2个移动关节构成，这种形式的机械手臂占有空间小，结构简单。

（3）关节坐标式　这种机械手臂主要采用回转运动实现，动作灵活，工作空间大，但各臂杆存在着耦合，控制和操作比较复杂，且刚度和精度差。

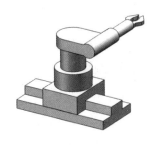  

（a）直角坐标式　　　　（b）圆柱坐标式　　　　（c）关节坐标式

图 4-90　挤奶机械臂主要形式

挤奶机器人机械臂动力学与气动位置控制分析是为了控制挤奶机器人运动，只对挤奶机械臂运动学基础的分析是不够的，还必须建立挤奶机械臂动力学方程，以用来计算每个驱动器所需的驱动力，同时也为挤奶机械臂最优化设计提供参考依据。其研究的目的是当机械臂需要加速时，驱动器输出的力和力矩能驱动机械臂和关节以使它们能以期望的加速度和速度运动，否则，机械臂将因运动迟缓而损失机械臂末端执行器的定位精度。

为了实现上述要求，根据奶牛的生物学特性，对上面几种机械臂形式进行了综合分析，确定机械臂的坐标形式为三自由度（由 1 个移动关节和 2 个旋转关节决定）。挤奶机械臂安装在挤奶台立柱的横梁上，腰部横移臂可以在横梁上左右移动，为挤奶机械臂提供一个平移自由度。由于奶牛乳头的生物学特性是竖直向下生长的，所以通过大臂旋转关节和小臂旋转关节提供 2 个旋转自由度，使末端执行器上的挤奶杯基本实现竖直向上的位姿，从而实现一系列挤奶动作。因此，三自由度机械手臂能够满足挤奶的技术参数要求。

4.挤奶机器人结构设计

基于视觉识别技术的挤奶机器人装备主要应用于智能化奶牛养殖，其机械结构方面不同于一般的工业机器人，主要由图像识别系统、控制系统、驱动系统和机械结构等组成，机械结构主要包括挤奶箱、三自由度机械臂、机械臂支架、操作箱、清洗机构等。根据机械设计的相关方法和准则，设计的挤奶机器人整体结构三维模型如图 4-91 所示，该设备的外形尺寸为：高 237cm，长 334cm，宽 227cm。

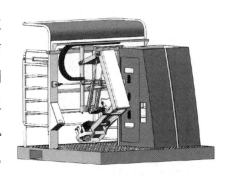

图 4-91　挤奶机器人整体结构图

5.挤奶机器人系统软件设计

挤奶机器人装备工作时首先通过挡棚上的图像识别摄像头提取奶牛个体信息（每头牛都有一个电子标签，因此机器人能够识别每一头牛，并且知道其大致的产奶量），将数字信号输入计算机做奶牛个体信息分析和挤奶箱的具体位置分析，将信息数据输送到 PLC，根据计算机处理信息和传感器反馈回来的信号，PLC 运算处理后发出控制信号，使气压系统做出响应，驱动机械臂末端运动到奶牛乳房前一段距离。然后利用安装在末端的图像识别摄像头来提取奶牛乳房的具体位置和乳头的具体分布，基于计算机处理信息和传感器反馈回来的信号，通过 PLC 发出的控制信号使气压元件驱动机械臂完成乳头清洗、乳头按摩、套杯、挤奶、脱杯、消毒等一系列挤奶动作，其控制原理如图 4-92 所示。

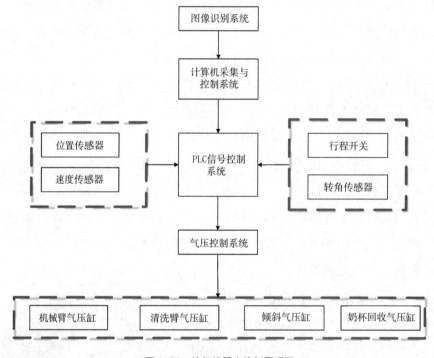

图 4-92　挤奶机器人控制原理图

6.挤奶机器人机械臂结构设计

由于机械臂不仅要实现末端执行器所需位姿，而且其机械臂需要集成大部分挤奶组件，因此其重量较大，为了让机械臂结构稳定，选择矩形管作为机械臂的主要结构材料。矩形管具有各向等强、抗扭刚度大、承载能力高、外形规则和组成结构轻巧美观等优点。机械臂整体结构如图 4-93 所示，主要由横移臂、大臂、小臂、气压缸、旋转关节、直线导轨、滑块、安装板和横移臂支架等组成。

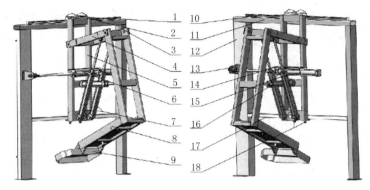

1. 连接板 2. 焊接板 3. 左立柱 4. 大臂 5. 横移臂 6. 横移气压缸 7. 大臂气压缸

8. 小臂 9. 末端执行器支架 10. 滑块和直线导轨 11. 上横梁 12. 右立柱 13. 浮动接头

14. 安装板 15. 脚座 16. 小臂气压缸 17. 滚轮滑道 18. 滚轮

图 4-93 挤奶机器人机械臂结构图

上横梁和滚轮滑道相互平行放置焊接在左右立柱上，与左右立柱共同组成机械臂横移支架；上横梁上安装有直线导轨，横移臂上部焊接有焊接板；连接板与焊接板和连接板与滑块通过螺栓相连接，组成了横移臂和横移支架上部的连接；滚轮安装在横移臂下部的支架上，其上对称安装有2个滚轮，用于改善横移臂的受力状态。工作时滚轮在滚轮滑道上滚动，滑块在直线导轨上滑动，从而实现机械臂相对于横移支架左右移动，它们既有导向作用又有定位作用，但滑块还要承受整个机械臂的重量。

作为横移机构横移驱动力输入的横移气缸，其缸体通过脚座安装在横移臂的安装板上，前端气压杆通过浮动接头固定安装在右立柱的耳板上；工作时由于气压杆与浮动接头固定是静止不动的，所以气压缸工作时气压缸的缸体进行左右移动从而带动横移臂实现横移。浮动接头的作用主要是当负载连接于气压杆端部时，使用浮动接头连接可吸收气压杆和负载的偏心或不平行对气压杆产生的偏心负载和横移负载。大臂和小臂的驱动方式也为气压缸，大臂与横移臂的旋转关节通过轴承连接，由于大臂工作时承受小臂和末端执行器等大部分挤奶组件的重量，设计用2个气压缸来推动大臂工作，气压缸缸体采用尾部双耳环，通过销轴与横移臂底部相铰接实现气压缸的摆动来驱动大臂的旋转。小臂与横移臂的旋转关节采用轴承连接，由于小臂的重心在弯曲角附近，所以气压缸在推动小臂运动时，所需的力较小，因此选择一个气压缸用以驱动小臂。

7. 挤奶机器人挤奶箱设计

奶牛挤奶通常在挤奶箱中进行，挤奶箱由进护栏、正护栏和出护栏及饲槽组成，进、出护栏分别安装在左右立柱上，通过安装在左右立柱上气压缸的伸缩进行开合，其结构图如图4-94所示。

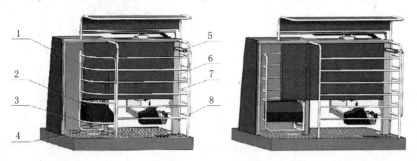

1. 出护栏　2. 饲槽　3. 气压缸　4. 左立柱　5. 气压缸　6. 右立柱　7. 进护栏　8. 正护栏

图4-94　挤奶机器人挤奶箱结构图

其主要特征是它的"步入式"设计，称为"I型-流动"。快速进出的"I型-流动"使得奶牛可以直接走进或走出挤奶箱，以消除不必要的障碍。此外，挤奶箱本身空间宽敞，给予奶牛完全自由的空间。饲槽安装在出护栏上称为"摇摆式饲槽"，当奶牛进入后，操作箱会通过内部管道流入一些饲料到饲槽，以保证挤奶时奶牛处于安静的状态下，在挤完奶后打开出护栏，饲槽也随之移到操作箱内部，奶牛"受鼓励"离开挤奶箱，一头奶牛尽快地离开以便让下一头奶牛更快地进入。

8. 挤奶机器人挤奶杯倾斜调节结构设计

奶杯倾斜调节机构是专门为乳头清洗和乳头识别设计的，本调节机构主要由奶杯托、支撑架、连架杆、气缸安装板、气压缸等组成，如图4-95所示。支撑架通过螺钉安装在托盘内部面板上，奶杯托铰接在支撑架上，在气压缸伸出时推动连架杆上升，连架杆铰接在奶杯托的另一端，在连架杆上升的作用力下带动奶杯托旋转，从而实现挤奶杯倾斜。相反，在清洗完成后气压缸收缩，挤奶杯又恢复到竖直状态。因此，通过气压缸的伸缩动作可以实现挤奶杯的倾斜和竖直状态。套杯运动时，竖立的2个挤奶杯将会影响摄像机对后乳头的识别，进而影响正常的套杯动作。此外，奶杯向乳房的反方向倾斜，在乳房清洗时有利于减少污染物进入挤奶杯中。

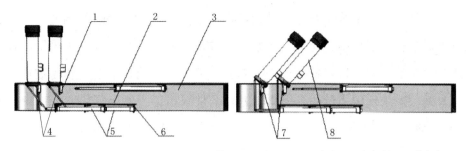

1. 支撑架　2. 气缸安装板　3. 托盘　4. 连架杆　5. 气压缸　6. 脚座　7. 奶杯托　8. 挤奶杯

图 4-95　挤奶机器人挤奶杯倾斜调节结构图

当清洗刷对奶牛乳头进行清洗时，挡污板将会与奶杯上部发生重叠，无法正常进行清洗工作，甚至会损坏奶杯和挡污板。如果提高挡污板高度就会影响到摄像机对奶牛乳头的识别，从而影响对奶牛乳房的清洗和按摩。其次，在末端执行机构对奶牛后乳头进行套杯时，竖立的两个挤奶杯将会影响到摄像机对后乳头的识别，进而影响到正常的套杯动作。此外，奶杯向乳房的反方向倾斜，在乳房清洗时有利于减少污染物进入挤奶杯中。

9. 挤奶机器人挤奶杯回收结构设计

对一头奶牛挤奶完成后需要将挤奶杯收回到末端执行器支架的奶杯托上，脱杯收回机构是关键环节，也是设计的难点之一。本结构便是针对挤奶完成后挤奶杯从奶牛乳头上脱落收回到末端执行器的奶杯托上而设计的，如图 4-96 所示。本机构所用的收回线选择的是尼龙绳，尼龙绳本身不仅具有密度小、回弹性好、抗疲劳性好、热稳定性好等特点，而且具有耐磨和强度高的优点，是一种重要的工程塑料。

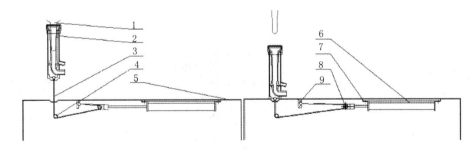

1. 奶牛乳头　2. 挤奶杯　3. 尼龙绳　4. 滚轮　5. 末端执行器支架　6. 气压缸

7. 脚座　8. 滚轮　9. 末端执行器外罩

图 4-96　挤奶机器人挤奶杯回收机构图

对奶牛乳房乳头清洗和按摩完成后，在摄像机再次提取到奶牛乳头的三维空间图像信息处理之后，在计算机的控制下，通过大臂和小臂以及横移臂的运动，使末端执行器上的挤奶杯运动到奶牛乳头的正下方，此时收缩的气压缸会在计算机的控制下伸出，让尼龙绳处于"放松"状态，之后通过机械臂的运动使末端执行器上移，将奶杯套在奶牛的乳头上进行挤奶作业。挤奶完成后，末端执行器的奶杯托位于挤奶杯的正下方，在计算机的控制下气缸收缩，由奶杯托小孔拉动尼龙绳将奶杯带回到末端执行器上，完成一次挤奶操作。

该机构的优点在于末端执行器的奶杯托始终位于挤奶杯的正下方，且挤奶杯底部与奶杯托的垂直距离为 10~15cm；在挤奶过程中如果发生意外脱杯，控制系统会迅速发出响应，把奶杯迅速收回到奶杯托上，防止挤奶杯掉落在地上污染挤奶杯。其次，尼龙绳绕过气压杆上的滑轮固定在末端执行器支架的内壁上；当气压缸收缩 L 的距离时，尼龙绳将会拉回挤奶杯大于 $2L$ 的距离；这种结构不仅可以快速地收回挤奶杯，而且节约了安装空间，使整个末端执行器的结构更加紧凑。

10. 挤奶机器人挤奶杯清洗结构设计

在对奶牛进行套杯挤奶前，对奶牛乳房的清洗和按摩是挤奶过程必不可少的重要环节。清洗刷是清洗和按摩工作任务的执行部件，当机械臂末端运动到奶牛乳房的前端时，由安装在小臂下的气压缸推动清洗摆动臂由图 4-97（a）运动到图 4-97（b）位置，在图像识别摄像机对奶牛乳头的准确定位下，清洗刷在机械臂的移动下对奶牛的 4 个乳头进行清洗按摩，清洗过程结束后有小臂下的气压缸收缩回到图 4-97（a）位置，对清洗刷用无氯清洁剂进行清洗，防止交叉污染。

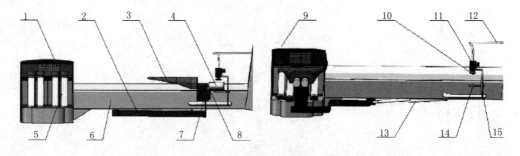

（a）机械臂收回状态　　　　　　　　（b）机械臂清洗状态

1. 摄像机　2. 清洗摆动臂　3. 挡污板　4. 清洗刷　5. 奶杯　6. 小臂

7. 电机支架框　8. 微型电机　9. 末端执行器外罩　10. 喷嘴

11. 电磁水阀　12. 水管　13. 气压缸　14. 刷阻杆　15. 清洗支架

图 4-97　挤奶机器人挤奶杯清洗结构图

清洗刷能彻底地清除掉奶牛乳房上的污垢和粪便，即使污物牢固黏附在奶牛乳房上，清洗刷也能将其清除。清洁奶杯所接触的乳房区域是从乳房区根部至靠近乳头的区域。此外，清洗刷能够提供快速且有效的触觉刺激，这对于奶牛分泌必要的激素是很重要的。清洗刷的按摩将会更好地改善连接时间、挤奶速度并因此提高机器人的使用性能。

11. 挤奶机器人挤奶杯结构设计

挤奶机器人完成挤奶工作的最终部件是由 4 个挤奶杯通过真空和大气的交替将奶从奶牛乳房中吸出来的，挤奶杯主要由外壳、橡胶管、输奶管和脉动管等组成，如图 4-98 所示。橡胶管把挤奶杯的内部空间分为乳头室和脉动室 2 个气室。乳头室是在挤奶时放置奶牛乳头的橡胶管，橡胶管和外壳之间的空间为脉动室。

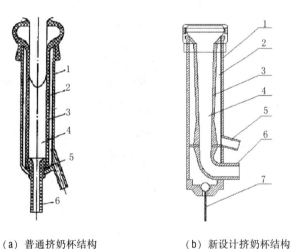

（a）普通挤奶杯结构　　　　　（b）新设计挤奶杯结构

1. 外壳　2. 脉动室　3. 橡胶管　4. 乳头室　5. 脉动管　6. 输奶管　7. 控制绳

图 4-98　挤奶机器人挤奶杯结构图

由于挤奶机器人需要挤奶杯自动完成套杯和收回动作，新设计的挤奶杯结构如图 4-98（b）所示，它不同于普通的挤奶杯，如图 4-98（a）所示，为了使挤奶杯能垂直安置在末端执行器支架上，把脉动管的输入口和输奶管输出口从挤奶杯底部改装到挤奶杯底部的一侧，然后在底部安装控制绳，通过气缸拉动控制绳来完成挤奶杯的收回动作。

虽然国内外挤奶设备各种各样，但挤奶杯的工作原理都是一样的。即按照小奶牛吃奶的原理，将牛奶吸出来。因此需要有和小牛口腔一样的吸奶器即挤奶杯，通过产生负压的真空系统和把负压状态变成大气和真空交替的脉动器，完成像小牛吃奶一样的挤压、吸奶和休息过程，俗称三节拍挤奶，如图 4-99 所示。

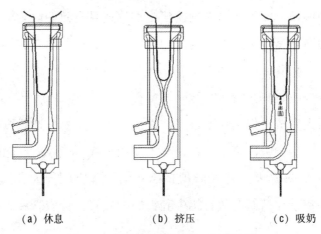

(a) 休息   (b) 挤压   (c) 吸奶

图 4-99 挤奶机器人挤奶杯工作过程图

三节拍挤奶式工作时的三个节拍是吸奶节拍、挤压节拍和休息节拍，如图 4-99（c）所示挤奶杯处于吸奶节拍时，乳头室和脉动室都为真空状态，橡胶管处于正常的圆筒状态。由于奶牛乳头内部乳头管与挤奶杯乳头室存在压力差，使乳头括约肌开放，牛奶从奶牛乳房内部被吸入乳头室。当挤奶杯处于挤压节拍时如图 4-99（b）所示，这时挤奶杯的乳头仍然处于真空状态，而脉动室却进入空气，这时橡胶管由于两室之间的压力差而被压缩，橡胶管对乳头进行挤压使乳头括约肌收缩，牛奶停止流出。挤压节拍的目的是用挤压的方法来按摩乳头，以恢复在吸奶节拍时被阻抑乳头的血液循环增加排乳反应刺激。

三节拍挤奶式工作时，比普通的二节拍在挤压和吸奶节拍之后增加了一个休息节拍。在休息节拍状态下，脉动室和乳头室均为大气压力如图 4-99（a）所示。由于脉动室和乳头室所处的压力相等，橡胶管的形状恢复到正常状态，此时乳头处在大气压力下，这有利于奶牛乳腺血液循环，不易引起奶牛乳腺炎等疾病的发生。相比二节拍挤奶方式，三节拍挤奶方式更符合小牛自然吃奶状态，也有利于实现最接近于奶牛自然状态的无人化挤奶作业。

12. 挤奶机器人挤奶机械臂结构有限元分析

挤奶机器人机械装备结构复杂，因此当机械系统完成初步设计之后，需要对关键部件进行静力学分析，检测其强度刚度的性能能否满足设计要求，主要利用计算机辅助技术对装备的关键部件做有限元分析，对结构进行强度校核，为合理设计挤奶机器人机械结构提供有力保证。ANSYS Workbench（AWE）中的

Static Structural 具有强大的静力分析功能，为设计人员的分析工作提供了方便。

机械结构能正常安全地工作，必须满足设计要求的强度和刚度性能要求。在设计完挤奶机器人装备的结构尺寸并装配完成之后，需要验证挤奶机器人装备的各部件能否满足强度和刚度需求，采用有限元分析软件 ANSYS 对装备的关键部件进行静力学分析，查看其受力状态和应力分布。

（1）挤奶机械臂模型简化与修整　简化模型是指忽略零件或装配中的细节的模型。因为实际模型往往比较复杂，如果完全按照现实结构建立有限元模型，是不必要的，有时甚至是不可能的。

（a）未简化模型　　　　　　（b）简化模型

图 4-100　挤奶机器人结构模型图

由于挤奶机械臂的驱动方式为气动，且结构紧凑，构造比较复杂，因此在不影响分析结果的前提下提高分析的效率，就需要对系统进行一些细节特征的简化处理，减少分析步骤，避免分析时出现不必要的错误。图 4-100（a）和图 4-100（b）分别为挤奶机械臂系统简化前后的模型示意图。

挤奶机械臂整体模型简化过程包含以下两点：

①去掉不影响系统强度和刚度的零部件修饰特征，如倒角、棱角、圆角等修饰特征。在进行有限元分析时，这些零部件上的修饰特征不仅要划分密集的网格，而且还要占用大量的时间进行计算。这些修饰特征并不会对结构的刚度和强度产生影响，因此为了更好更快地完成计算分析，可以简化处理特征。但是，在简化时应当注意不能去掉像加强筋圆滑过渡等优化特征。

②去掉对结构分析影响小的零件或机构，如尼龙绳、奶杯托、连架杆、滑轮、清洗刷、小件螺栓组等零部件。这些零件不会对整体结构的刚度和强度产生影响，而且在分析过程中需要一一进行复杂的分析处理，像挤奶杯、滑轮、微型气压缸等零部件的重量转换成力载荷，并施加到相对应的位置，这样便起

到系统简化的作用。

（2）有限元分析　为了确保挤奶机械臂其整体强度符合工作要求，在设计完成后对整体系统进行 AWE 静力仿真分析。分析总体过程分为 3 个阶段：前处理、分析计算、后处理。其具体过程如下：

①前处理：在进行静力学分析之前，首先在不影响结构分析前提下将 Solidworks 中建立好的挤奶机械臂的三维模型进行简化处理，以提高分析的灵活操作性。然后将修改后的三维模型保存为 Parasolid（．x_ T）格式，通过 Ansys Workbench 的 Import 功能导入 AME 中进行分析。整个机械臂、左右立柱以及横梁均采用不锈钢，其材料属性如表 4-10 所示。在 Connections 选项中定义各部件连接关系为实体接触连接，以保证各部件网格的独立划分。网格划分通过 AWE 中 Mesh 功能自动为整个系统自由划分网格。

表 4-10　不锈钢金属材料属性

屈服极限/MPa	抗拉强度/MPa	弹性模量/MPa	密度/（kg/m³）
205	515 ~520	2.04E11	7 930

②分析计算：对整体简化挤奶机械臂的左右立柱底面约束采用固定约束 Fix Support，以限制整个挤奶机械臂结构移动。在机械臂末端结构所需承担的机构重量转换成力载荷加到相对应的位置上，并添加导入模型的重力载荷（Standard Earth Gravity），参数设置完成后点击 Solve 进行仿真运算。

③后处理：在工作过程中，挤奶机械臂结构有 3 个特殊位置。一是挤奶完成后对挤奶杯进行清洗时，即大臂气压缸和小臂气压缸达到最大行程时的位置；其次，大臂和立柱垂直时大臂气缸的倾斜角最大时的位置；最后是挤奶臂工作时的极限位置。由于这 3 个位置处于 3 个极限位置，固定载荷在这 3 个位置对系统的影响最具代表性，因此对这 3 个位置进行强度分析。计算完成后在选择输出 Total Deformation 整体变形云图和 Equivalent（Von - Mises）Stress 整体应力云图。

所求解得位移变形云图和应力云图如图 4-101（a）～（f）所示：

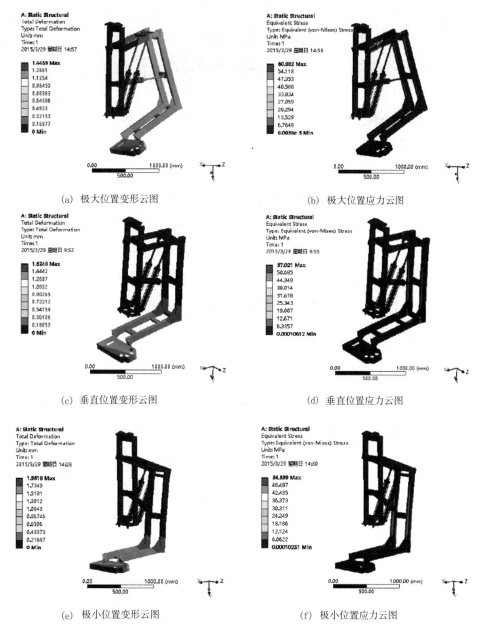

(a) 极大位置变形云图   (b) 极大位置应力云图

(c) 垂直位置变形云图   (d) 垂直位置应力云图

(e) 极小位置变形云图   (f) 极小位置应力云图

图 4-101　挤奶机器人三个特殊位置的变形和应力云图

　　基于挤奶机械臂以上位置的静力分析图，将挤奶机械臂各个位置的变形及应力最大值汇总，如表 4-11 所示。

表4-11 特定位置下的最大变形位移和应力数值表

挤奶机械臂位置	最大变形位移/mm	最大应力/MPa
清洗位置	1.446 9	60.882
垂直位置	1.624 8	57.021
挤奶位置	1.951 8	54.559

按照上表4-11可知，当机械臂在以上3个极限位置时，其最大位移形变为1.951 8 mm，这对整个机械臂的工作性能无影响。对于整个机械臂受载均匀对称，应力值分布左右对称，变形角度来说，整个系统是可靠稳定的。3个特殊位置的最大应力值为可 $\delta_{\max}=60.882MPa$，此时挤奶机械臂处于挤奶位置。机械臂主要由矩形管焊接而成，所用材料为不锈钢0Cr18Ni9，查材料表可知其许用应力 $[\delta]\geqslant205MPa$，因此可得出其安全系数：

$$n=\frac{[\delta]}{\delta_{\max}}=205/60.88=3.36$$

根据工程设计经验，当不冲击载荷结构的安全系数不低于2时，其系统结构是稳定的。由此可知系统符合强度要求，静力安全性能达标。

第五章
农产品分选机器人

第一节 苹果分级分选机器人

（一）研究概况

改革开放以来，我国苹果种植产业发展迅速，种植面积和区域逐步稳定和集中。尤其是近十年以来，我国苹果产业所带来的效益也直线上升。与此同时，采摘效率低、采后处理能力不足等问题逐渐暴露。这些问题严重影响着我国水果产业在国际上的竞争力，极大地阻碍我国国民经济的发展。造成这种现象的原因除了果树农艺方面的因素外，还在于我国的苹果品质检测和分级技术比较落后。因此，苹果分级分选机器人的研发可大大提高苹果质量，且对于提升果农收益，增强我国苹果出口竞争力具有重要意义。

在此背景下，南京农业大学姬长英教授团队对与苹果采摘机器人配套的在线分级系统进行了研究，以使两者在采摘过程中协同作业。系统中主要部分包括重量传感器、双目摄像机、特征检测平台以及驱动电机。总体结构如图5-1所示。

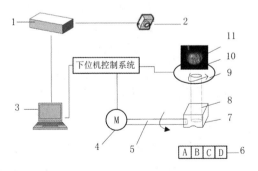

1. 数据采集卡 2. 双目相机 3. 工控机 4. 步进电机

5. 轴1 6. 果箱 7. 载物台 8. 轴2 9. 果盘 10. 苹果 11. 黑色背景

图5-1 苹果采摘协同分级分选系统总体结构图

该系统中所涉及主要设备的参数如表5-1、表5-2所示。

表5-1 图像采集设备参数

设备名称	型号与规格
摄像机	Point Grey Research bumblebee2 BB2-08S2C，基线长120mm
图像接口卡	型号T520，转接口为1394A型
工控机	研华IPC610-H型工控机， CPU为Core2双核，主频为2.66Hz，内存为2GB

表5-2 荷重传感器性能参数

项目	性能
量程	1kg
精确度	0.1%
灵敏度	$1 \sim 2mV \pm 0.1mV/V$
非线性	$\pm 0.1\% F \cdot S$
滞后误差	$\pm 0.1\% F \cdot S$
重复性误差	$\pm 0.1\% F \cdot S$
蠕变	$\pm 0.5\% F \cdot S/30min$
绝缘电阻	$\geqslant 5\,000M\Omega$
供桥电压	12VDC
工作温度范围	$-20 \sim 70℃$
允许过载负荷	$150\% F \cdot S$

（二）关键技术

1.苹果分级分选机器人图像颜色特征处理

就苹果而言，图像颜色是其最直接的视觉特性之一，而着色率又是苹果外观品质最主要的表现形式，间接反映苹果的成熟度。对于红富士苹果，大量的试验数据表明果实品质越高，苹果表面着色度往往也越好。苹果由于其品种不同或同一品种生长期不同，其外观色泽也存在很大差异。国家标准GB 10651—89中，针对不同品种的苹果，给出了苹果的色泽等级要求。以红富士苹果为分级的研究对象，根据中华人民共和国农业部在2006年7月10日发布的行业标准 NY/T 1075 — 2006，具体的颜色等级标准如表5-3所示。

表5-3　红富士苹果颜色等级表

等级	着色面积（片红、条红）
特级果	>85%
一级果	75%～85%
二级果	55%～75%
等外果	<55%

依据农业部标准规定，先请经验丰富的工人将一批同一品种的红富士苹果按等级进行区分，然后对同一等级苹果表面颜色进行计算分析，从而选择最佳的阈值H，对苹果图像表面颜色进行分割。

苹果是一个近似的球体，在图像信息采集过程中，因摄像机焦距、内部参数以及摄像机与苹果之间的距离是固定不变的，因而对于采集到的每一幅图像来说，单位像素所代表的真实面积是一样的。因此使用像素点统计法近似求取苹果面积。

苹果图像颜色特征提取大致分为4个步骤，其具体过程为：首先，对读取的一帧图像进行裁剪、背景分割、图像去噪等预处理，接着进行苹果颜色特征提取，苹果表面积和红色面积提取，具体流程分别如图5-2、图5-3所示。

首先通过试验对比采用最佳阈值寻优法将被测物与其背景分割开来，以便更好地进行特征提取。分割后的图像采用低通滤波抑制噪声以平滑分割后的图像。

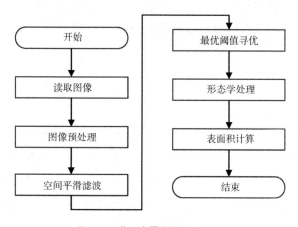

图5-2　苹果表面积提取流程图

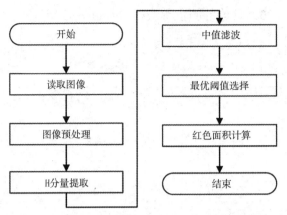

图 5-3 苹果红色面积提取流程图

对比图 5-2、图 5-3 可以发现预处理后的图像经过不同的算法得出各部分所包含的像素点数，进而计算出苹果表面积和红色部分面积。对比如图 5-4 所示。

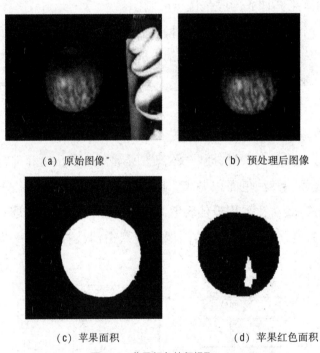

（a）原始图像   （b）预处理后图像

（c）苹果面积   （d）苹果红色面积

图 5-4 苹果颜色特征提取

2. 重量检测系统与数据融合处理

苹果分选机器人的另一重要组成部分是苹果重量检测系统，用于采集苹果重量信息，并转换成模拟电压信号，由信号放大器放大后采用 A/D 转换模块转换成数字信号，下位机的 MCU 对传输的数字信号进行运算并得到苹果重量信息，与此同时，重量特征将由 RS232 串口通信传输到工控机进行苹果颜色、重量数据融合处理。整个完整设计如图 5-5 所示。

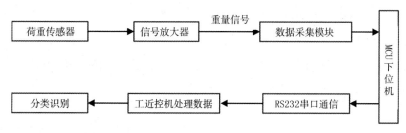

图 5-5 苹果分级分选机器人重量检测框图

为了充分考虑多方面因素对苹果品质的影响，采集重量数据后，选用权重分析法将苹果的着色面积和重量两组信息进行融合处理，经专家系统建立并实现苹果等级分级系统。经权重优化曲线训练后可知，该分级方法能有效提高苹果分级正确率，证明该方法是可行、稳定的。完整融合分级流程图如图 5-6 所示。

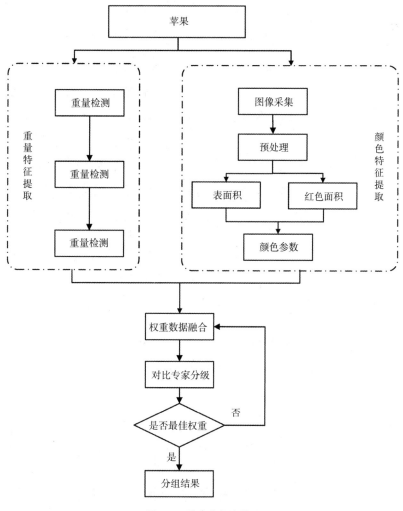

图 5-6 融合分级流程图

3.苹果分级分选机器人平台

苹果在线自动分级分选机器人系统机械结构如图5-7所示，主要包括果盘及载物台构成的特征参数检测平台、相机、滑移机构、黑色背景、果箱、固定支架等部分。自动分级分选装置上各传感器的安装、传动机构的设计对果实分级效果至关重要。沿着水果运送方向，依次布置图像采集模块、重量检测模块、滑移传输机构和果箱等。整个分级分选系统放置在水果采摘机器人前方，总长

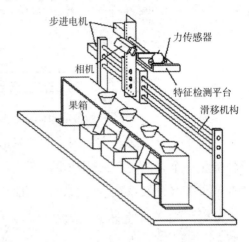

图5-7 苹果自动分级分选机器人系统结构图

度与水果采摘机器人平台一致，为1.26m，总高度为1.04m，在采摘机械臂的运动范围内，且不影响水果采摘机器人的运行。

苹果在线自动分级分选机器人控制方案如图5-8所示，其硬件主要包括工控机、下位机控制器、步进电机、相机、重量传感器、1394接口卡等部分。

重力传感器和AD转换电路用来采集苹果重量特征参数，相机以及1394图像采集卡用来采集苹果图像，进行颜色特征参数的提取；工控机对上述2个特征参数进行分析处理，将结果经由串口传送至下位机控制器，下位机控制器根据分级结果对3个电机分别进行控制，从而完成整个分级的过程。

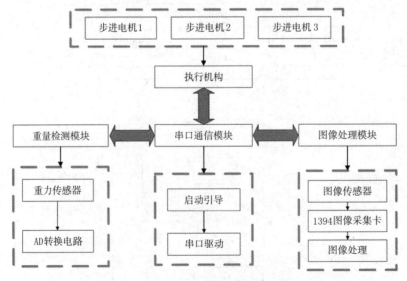

图5-8 苹果自动分级分选机器人控制系统总体方案

170

4.苹果分级分选机器人工作原理及效果

当整个分级系统上电后，对系统进行初始化操作，检测到有苹果放置在果盘上时，相机采集苹果第一幅图像，完成后由主控制器（工控机）向下位机发送串口命令1，驱动步进电机1使果盘旋转180°，同时工控机对第一张图片进行预处理；下位机接收串口命令1并解析后，让重力传感器进行工作，采集苹果重量值，并反馈回工控机，发回串口命令1（包含苹果重量），回到等待状态；工控机收回串口命令1，并使相机再次采集苹果第二幅图像；工控机结合重量、图像进行分级处理后将分级结果用串口命令2发给下位机；下位机接收串口命令并解析为命令2后控制步进电机2使果箱移动到对应等级箱的正上方，再控制步进电机3使果盘倾倒将苹果倒入相应等级果箱内；最后分别控制1、2、3号步进电机回到初始位置，同时发回串口命令2，回到初始化状态。系统的总体工作流程如图5-9所示。

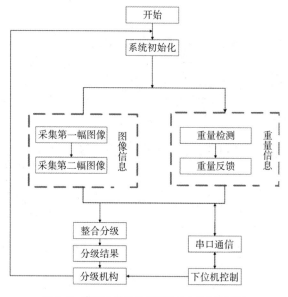

图5-9 苹果自动分级分选机器人工作流程图

苹果在线自动分级分选机器人的软件界面如图5-10所示。在人机交互界面上，先求取苹果各单一的特征参数，包括颜色特征和重量特征，再根据上述两个特征按照融合策略计算苹果等级，最后等级结果以指令形式发送给下位机，下位机控制器执行机构将苹果运送至相应位置的果箱内。

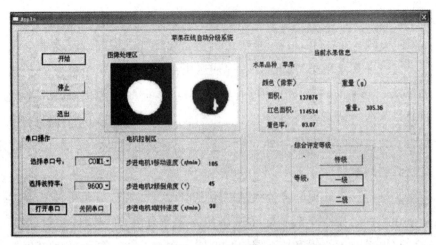

图 5-10　苹果自动分级分选机器人控制程序界面

选取 96 个样本中 9：00~11：00 时段的数据，分别对苹果颜色进行人工分级和算法分级对比，结果如表 5-4 所示。

表 5-4　基于苹果单一特征与融合特征分选正确率统计表　　（单位：个）

苹果等级	颜色分级	人工分级	重量分级	人工分级	综合分级	人工分级
特级果	73	66	44	38	46	48
一级果	11	14	18	23	29	29
二级果	12	16	34	35	21	19
正确率%	85.41	100	83.3	100	90.15	100

从表 5-4 可得：当只选取颜色一种指标对苹果进行分级时，正确率只有 85.41%；当只采用重量进行分级时，正确率为 83.3%；而将两者综合后，正确率达 90.15%，可有效提高苹果的分级正确率。由此可见，采用双特征融合的权重分析法进行分级与采用单一特征进行分级的结果相比，具有更高的正确率，能提高苹果分级的正确率。

第二节　禽蛋分级分选机器人

（一）研究概况

我国是世界第一禽蛋生产大国，禽蛋产业是关系我国社会稳定和国计民生的重要产业。国外禽蛋生产以集中规模化生产为主，大多采用整套的自动化处理设备，首先传送带将禽蛋转移到托辊上，然后自动进行洗蛋、分级、包装等一系列工作。目前我国商品禽蛋大部分来源于小规模散养户，呈现出分散、规模小的特点，这严重影响禽蛋的加工处理环节。随着人们生活水平不断提高，对禽蛋品质要求和数量需求也随之提升。这就要求我国禽蛋产业从传统分散小规模养殖模式向商品化、规模化、自动化模式转变。为了解决这些问题，我国学者展开了深入研究。卢阳基于机器视觉技术研究了检测禽蛋外观的算法，并结合传送带、真空吸盘、机械臂等结构设计了一个完整的禽蛋分级分选机器人，从而实现对禽蛋的自动分级分选。

（二）关键技术

1. 禽蛋分级分选机器人整体设计

设计机器人检测分级一体化流水线以提高检测分级效率，其整体结构和工作原理如图 5-11、图 5-12 所示。

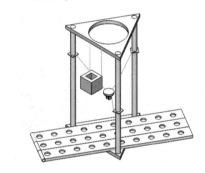

图 5-11　禽蛋分级分选机器人示意图

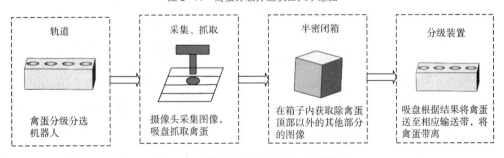

| 轨道 | 采集、抓取 | 半密闭箱 | 分级装置 |

禽蛋分级分选机器人　→　摄像头采集图像，吸盘抓取禽蛋　→　在箱子内获取除禽蛋顶部以外的其他部分的图像　→　吸盘根据结果将禽蛋送至相应输送带，将禽蛋带离

图 5-12　禽蛋分级分选机器人工作原理图

2. 禽蛋分级分选机器人视觉系统

机器视觉系统硬件设备主要由摄像机、图像采集箱、树莓派和光源等组成。摄像机位于图像采集箱右侧正中央，其输出端与树莓派系统相连接。光源安置在图像采集箱内 4 个顶角处，与箱体夹角为 45°，以避免采集图像时产生

镜面反射。进行拍照操作时，机械臂等装置将禽蛋送至摄像机前方，摄像机采集图像后传输到树莓派，为后续数据处理和分析提供原始图像。机器人视觉系统结构如图 5-13 所示。

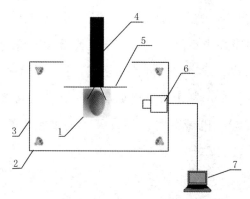

1. 禽蛋　2. 光源　3. 光箱　4. 机械臂　5. 真空吸盘　6. 摄像头　7. 树莓派

图 5-13　机器人视觉系统结构图

该系统选用型号为 MH500 数字相机采集图像，该相机性能优越，广泛应用于机器视觉、模式识别等领域，其相关参数如表 5-5 所示。

表 5-5　MH500 数字相机参数列表

产品型号	MH500	滤光片	650 nm 低通滤光片
有效像素	2 592H×1 944V（500 万）	信噪比	38.1dB
灵敏度	1.4V/1ux-sec550nm	帧缓存	无
像元尺寸	2.2μm×2.2μm	白平衡	自动/手动
光谱响应范围	400～1 030nm	曝光控制	自动/手动
传输距离	标配 1.5m 线，可选配数据线	动态范围	>70.1dB
工作温度	0～50℃	镜头接口	CS 接口
支持多种视觉软件	无缝兼容 Halcon、OpenCV、 LabView	可编程控制	图像尺寸、曝光、亮度、对比度、饱和度、清晰度、伽马、白平衡、逆光对比、增益、录像、拍照

3.禽蛋分级分选机器人特征提取及处理

实验过程中需采集 4 幅连续图像，第一幅在机械手抓取禽蛋前采集，以识别禽蛋上方的特征信息，剩下的 3 幅图像为：机械手抓禽蛋进入摄像机采集范围时，先采集一幅图片信息，随后每次转动 120°后再分别采集余下 2 幅图像。之后，采用图像预处理、图像提取等算法对获取的图片处理，以获取单个禽蛋表面污染物面积、蛋壳颜色、蛋形指数的特征参数信息。处理流程图如图 5-14 所示。

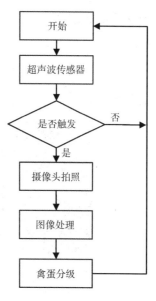

图 5-14 图像处理流程图

4.禽蛋分级分选机器人图像预处理

图像预处理是为了去除禽蛋图像采集过程中产生的干扰信息，突出其有用信息，是图像处理过程中的关键环节，为后续分级算法提供良好基础。其主要环节有：

①图像灰度化：在 RGB 颜色模型中，对图像进行灰度化处理后，将 R＝G＝B 的值叫作灰度值。常用到的灰度化方法有 4 种，分别为分量法、最大法、平均值法、加权平均值法。对同一枚禽蛋采用不同灰度化处理后的图像如图 5-15 所示。

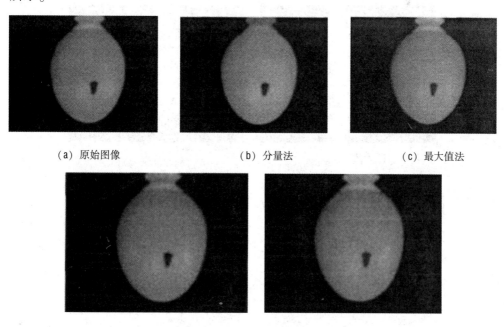

（a）原始图像　　　　　　　（b）分量法　　　　　　　（c）最大值法

（d）平均值法　　　　　　　（e）加权平均值法

图 5-15 灰度处理图像

从图 5-15 中可以看出，加权平均值法对禽蛋灰度化处理的效果较好，禽蛋表面细节信息较为完整。下一步将在加权平均值法处理的基础上对图像进行增强处理，以增强禽蛋边缘细节信息。

②图像增强：采用直方图均衡化能有效增强图像的整体对比度，突出边缘信息。禽蛋图像经过直方图均衡化增强后的效果明显，如图 5-16 所示。

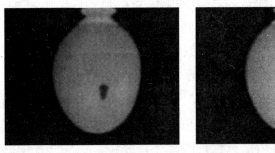

(a) 灰度图　　　　　　　　　(b) 增强后的图片

图 5-16　直方图均衡化处理图

灰度变换方法具有算法简单、运行速度快等众多优点。使用灰度变换增强图像的处理方法：转换函数的设置方便、灵活，通过设置转换函数来改变图像。灰度变换分为线性和非线性灰度变换 2 种。其处理后的效果如图 5-17 所示。

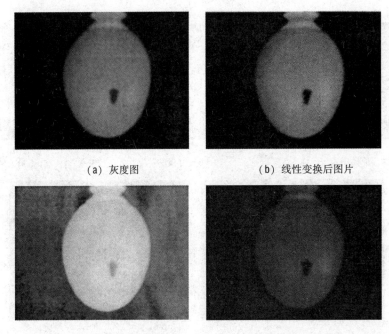

(a) 灰度图　　　　　　　　　(b) 线性变换后图片

(c) 对数变换后的图片　　　　　(d) 指数变换后的图片

图 5-17　灰度变换增强后图像对比

176

由以上图像对比可得，线性灰度变换不仅可以达到增强图像的效果，还可以有效抑制噪声，且算法简单、执行效率高。而对数变换、指数变换等非线性变换法的处理效果较差。在后续的禽蛋表面品质算法检测应用中，将根据不同的需求，选用与其匹配度最高的处理方式。

③图像去噪：图像采集过程中难免会受到外界环境的干扰，使得采集的图像中存在噪声，这些噪声会干扰实验数据，造成结果误差。高斯噪声和椒盐噪声是常见的 2 种噪声，研究将这 2 种噪声添加到采集的图像中，并采用低通滤波、高斯滤波和中值滤波分别对添加噪声的图像进行降噪，综合比较评价其处理效果图。研究发现中值滤波的处理效果最好，其对比效果图如图 5-18、图 5-19 所示。

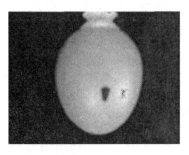
（a）添加高斯噪声的图像

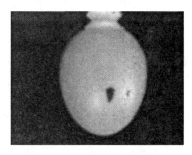
（b）低通滤波

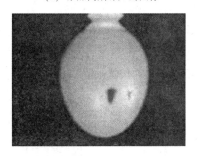
（c）高斯滤波

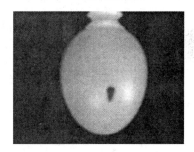
（d）中值滤波

图 5-18　高斯噪声滤波效果图

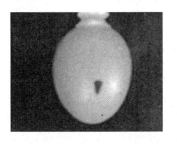
（a）添加椒盐噪声的图像

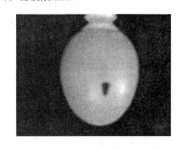
（b）低通滤波

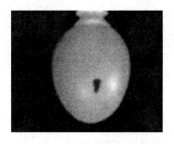 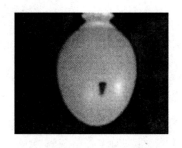

（c）高斯滤波 （d）中值滤波

图5-19 椒盐噪声滤波效果图

④图像二值化：由于进行二值化处理后的图像只会呈现出黑白效果。适当的二值化处理将有效简化图像的后续处理，选取适宜的阈值是图像进行二值化处理的关键。常用选取阈值的方法有固定阈值法、迭代法计算阈值、局部阈值法、双峰法、OTSU算法（大津算法）计算阈值等，各算法处理效果有所差异，经过比较各方法效果得出：OTSU算法能够自动获取阈值，且分割效果较理想，能实现图像的稳定分割处理。OTSU算法相比较其他算法的特定要求及稳定情况，具有较突出的优势，经过运算得出最佳分割阈值为79，故而选用OTSU算法对禽蛋图像进行二值化处理。

综上所述，禽蛋图像预处理过程中没有固定的预处理方法，针对不同的需求，需结合实际情况才可以得出最佳预处理方式，进而得出需要的禽蛋参数。

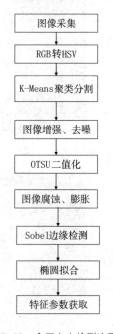

图5-20 禽蛋大小检测流程图

5.禽蛋分级分选机器人外部品质检测验证

禽蛋尺寸特征是其分级销售过程中检测的重要指标，它直接影响着禽蛋的销售价格和销量。以禽蛋的长短半轴尺寸、蛋形指数作为评价指标，采取图5-20所示的流程图进行禽蛋大小检测。在市场随机购买235枚禽蛋检测样本，以验证相关的算法处理效果。

分级结果分别如表5-6、表5-7所示。

表 5-6　禽蛋大小检测结果

禽蛋种类	正常禽蛋/枚	过大禽蛋/枚	过小禽蛋/枚	准确率
正常禽蛋	78	0	7	91.8%
过大禽蛋	6	44	0	88%
过小禽蛋	2	0	48	96%

表 5-7　禽蛋大小检测结果

禽蛋种类	正常禽蛋/枚	畸形禽蛋/枚	准确率
正常禽蛋	81	4	95.3%
畸形禽蛋	3	47	94%

　　禽蛋的壳色是消费者购买时最直观的参考依据，禽蛋颜色的异常将直接影响其销量。根据采集图像计算出的蛋壳壳色均值，选用 BP 神经网络算法进行禽蛋蛋壳颜色检测分级，经过运算得出禽蛋分级信息。其分级精度如表 5-8 所示。

表 5-8　蛋壳颜色识别结果

模型	训练集识别率	测试集识别率	平均识别率
BP 神经网络	97.95%	95%	96.48%

　　表面污染的禽蛋直接流入市场必然会影响禽蛋的销售，而逐个清洁耗时耗力，因此自动检测禽蛋表面污物，配合机械设备对其进行清洁显得十分必要。将图像处理得出的污染物区域面积大小作为分级清理标准，并进行试验验证，分选结果见表 5-9 所示。

表 5-9 禽蛋表面肮脏程度分选结果

禽蛋种类	干净禽蛋	含污渍禽蛋	准确率
干净禽蛋	71	9	88.75%
含污渍禽蛋	7	73	91.25%

由表 5-6、表 5-7、表 5-8、表 5-9 分析可得基于禽蛋外部品质分级标准的识别分级率可以满足禽蛋分级分选机器人的设计要求。

参 考 文 献

［1］　姜斌. 无人驾驶拖拉机主动制动控制系统开发［J］. 农业工程，2020，10（1）：31-34.

［2］　馨然. 无人驾驶拖拉机技术［J］. 农机科技推广，2016（12）：47.

［3］　关群. 凯斯纽荷兰工业集团推出无人驾驶概念拖拉机［J］. 农业机械，2016（9）：40-43.

［4］　潘为华. 田间作业拖拉机无人驾驶技术的开发与应用［J］. 南方农机，2020，51（1）：64.

［5］　陈淑艳，陈文家. 履带式移动机器人研究综述［J］. 机电工程，2007（12）：109-112.

［6］　赵凯，董明明，刘锋，等. 基于声信号的履带机器人地面分类试验研究［J］. 北京理工大学学报，2018，38（9）：912-916.

［7］　占卓帆. 履带吸盘式清洁机器人设计与运动性能分析和仿真［D］. 南京：东南大学，2018.

［8］　大卫·陶尔博特. 智能农用施肥机器人在明尼苏达州投入使用［J］. 科技创业，2014（Z2）：30.

［9］　赵瑛琦，吕剑，贾晓晓，等. 基于 ARM 的自动施肥农业机器人系统研究［J］. 农业科技与信息，2015（9）：20-23.

［10］　宣峰，朱清智，梁硕，等. 激光扫描精密施肥定位机械装置研究——基于 PLC 控制［J］. 农机化研究，2016，38（6）：21-25.

［11］　刘振华. 泓森物联网智慧农业 4.0 育苗机器人的应用［J］. 农业科技与信息，2016（1）：125，131.

［12］　周茉，张学明，刘志刚. 小麦精播机器人设计——基于图像融合与智能路径规划［J］. 农机化研究，2016，38（6）：26-30.

［13］　杨鹏，王志强，王瑞强. 一种智能化多功能播种机器人的设计［J］.

电子世界, 2018 (24): 171-172.

[14] 高迟. 大蒜播种机器人控制系统的研究 [D]. 咸阳: 西北农林科技大学, 2010.

[15] 梁彦. 基于 PLC 的马铃薯播种机施肥控制系统研究 [J]. 农机化研究, 2020, 42 (10): 231-234.

[16] 周黎. 精密玉米播种机数控加工核心算法控制研究 [J]. 农机化研究, 2020, 42 (6): 265-268.

[17] 陈威, 曹成茂, 赵正涛, 等. 气吹式防堵大豆免耕播种机设计与试验 [J]. 东北农业大学学报, 2019, 50 (10): 71-79.

[18] 王喆. 播种作业导航控制系统优化与终端设计 [D]. 石河子: 石河子大学, 2014.

[19] 倪江楠. 基于光学和超声联合定位的精密播种机导航技术研究 [J]. 农机化研究, 2021, 43 (1): 211-215.

[20] 沈一筹, 苗中华. 基于图像处理的插秧机器人软件系统设计 [J]. 工业控制计算机, 2016, 29 (3): 8-9, 12.

[21] 李怀志. 自动插秧机协同化建模与 PLC 控制应用研究 [J]. 农机化研究, 2021, 43 (1): 216-219, 233.

[22] 邱春红. 智能插秧机核心装置的软件架构设计研究 [J]. 农机化研究, 2021, 43 (1): 70-75.

[23] 任烨. 基于机器视觉设施农业内移栽机器人的研究 [D]. 杭州: 浙江大学, 2007.

[24] 郁玉峰. 三平移并联移栽机器人及其视觉系统研究 [D]. 镇江: 江苏大学, 2007.

[25] 周婷. 温室穴盘苗移栽机的设计及试验研究 [D]. 南京: 南京农业大学, 2009.

[26] 葛荣雨, 肖海文, 纪玉川, 等. 穴盘苗移栽机自动取苗装置的设计 [J]. 农机化研究, 2021, 43 (2): 84-88.

[27] 付强, 胡军. 小型蔬菜移栽机械手的设计与试验 [J]. 农机化研究, 2019, 41 (6): 130-134, 139.

[28] 张开兴, 吴昊, 王文中, 等. 夹紧式番茄移栽机取苗机构的设计与试

验［J］.农机化研究，2020，42（12）：64-68.

[29]　张吉强，李天华，牛子孺，等.半自动组合式大葱移栽机的设计与研究［J］.农机化研究，2020，42（8）：86-90，95.

[30]　夏欢.水田用除草机器人的结构与实现［D］.广州：华南理工大学，2012.

[31]　张滨.水田除草机器人控制系统的研究与实现［D］.广州：华南理工大学，2013.

[32]　王文明.垄作玉米机械除草装置设计与试验研究［D］.哈尔滨：东北农业大学，2019.

[33]　文静.棉花除草机器人的植物叶片分类识别算法［D］.重庆：重庆大学，2018.

[34]　许杰.新型果园除草机器人机械结构与控制系统设计［D］.兰州：兰州理工大学，2019.

[35]　张岩.植保机器人多功能作业关键技术研究［D］.济南：济南大学，2016.

[36]　夏祥孟.植保机器人全局路径规划与控制系统设计［D］.济南：济南大学，2019.

[37]　王东.山地果园植保无人机自适应导航关键技术研究［D］.咸阳：西北农林科技大学，2019.

[38]　贺晓龙，朱克武.草坪灌溉机器人定位技术的研究［J］.自动化技术与应用，2009，28（4）：71-73.

[39]　李杜，林萍，陈永明.基于可编程逻辑控制器的银杏园智能灌溉机器人设计与实现［J］.浙江农业科学，2020，61（1）：203-205.

[40]　黄彪.枇杷剪枝机器人关键技术的研究［D］.广州：华南理工大学，2016.

[41]　贾挺猛.葡萄树冬剪机器人剪枝点定位方法研究［D］.杭州：浙江工业大学，2012.

[42]　邱景图.斜插式蔬菜嫁接机器人嫁接机理与关键机构的研究［D］.杭州：浙江大学，2013.

[43]　张路.贴接法自动蔬菜嫁接机器人的设计与试验研究［D］.杭州：浙

江理工大学，2012.

[44] 徐建，杨福增，苏乐乐，等．玉米智能收获机器人的路径识别方法 [J]. 农机化研究，2010（2）：9-12.

[45] Ze Zhang, Noboru Noguchi, Kazunobu Ishii, etal. Development of a Robot Combine Harvester for Wheat and Paddy Harvesting [J]. IFAC Proceedings Volumes, 2013, 46（4）.

[46] 王勇．棉花收获机器人视觉系统的研究 [D]. 南京：南京农业大学，2007.

[47] 段鹏飞．番茄采摘机器人夜间视觉系统研究 [D]. 杭州：中国计量大学，2017.

[48] 李智国．基于番茄生物力学特性的采摘机器人抓取损伤研究 [D]. 镇江：江苏大学，2011.

[49] 赵源深．西红柿采摘机器人目标识别、定位与控制技术研究 [D]. 上海：上海交通大学，2018.

[50] 姜丽萍．番茄力学特性及其在采摘机器人执行器设计中的应用 [D]. 镇江：江苏大学，2006.

[51] 汤建华．番茄收获机器人中视觉目标的自动分割与识别 [D]. 镇江：江苏大学，2005.

[52] 王丽丽．番茄采摘机器人关键技术研究 [D]. 北京：北京工业大学，2017.

[53] 姚立健．茄子收获机器人视觉系统和机械臂避障规划研究 [D]. 南京：南京农业大学，2008.

[54] 王海青．黄瓜收获机器人视觉系统的研究 [D]. 南京：南京农业大学，2012.

[55] 邵豪．鸡腿菇采摘机器人的视觉系统研究 [D]. 兰州：兰州理工大学，2017.

[56] 冯玮．苹果采摘机器人苹果果实的快速跟踪识别研究 [D]. 镇江：江苏大学，2018.

[57] 段伟洋．苹果采摘机器人夜间视觉检测算法研究 [D]. 天津：天津理工大学，2018.

[58]　王辉，毛文华，刘刚，等．基于视觉组合的苹果作业机器人识别与定位 [J]．农业机械学报，2012，43（12）：165-170．

[59]　吕继东．苹果采摘机器人视觉测量与避障控制研究 [D]．镇江：江苏大学，2012．

[60]　顾玉宛．基于并行计算的苹果采摘机器人关键技术研究 [D]．镇江：江苏大学，2016．

[61]　沈甜．苹果采摘机器人重叠果实快速动态识别及定位研究 [D]．镇江：江苏大学，2016．

[62]　杨文亮．苹果采摘机器人机械手结构设计与分析 [D]．镇江：江苏大学，2009．

[63]　李玉良．基于立体视觉的遮挡柑橘识别与空间匹配研究 [D]．镇江：江苏大学，2007．

[64]　彭辉．基于计算机视觉的树上柑橘自动识别和定位技术的研究 [D]．武汉：华中农业大学，2011．

[65]　周小军．柑橘采摘机器人成熟果实定位及障碍物检测研究 [D]．镇江：江苏大学，2009．

[66]　崇岭．西瓜收获机器人 [J]．机器人技术与应用，1998（5）：21-22．

[67]　纪超．温室果蔬采摘机器人视觉信息获取方法及样机系统研究 [D]．北京：中国农业大学，2014．

[68]　陈子啸．猕猴桃采摘机器人移动平台的设计与仿真 [D]．咸阳：西北农林科技大学，2016．

[69]　李文洋．猕猴桃采摘机器人视觉导航路径生成方法研究 [D]．咸阳：西北农林科技大学，2017．

[70]　王滨．猕猴桃采摘机器人目标果实空间坐标获取方法的研究 [D]．咸阳：西北农林科技大学，2016．

[71]　穆龙涛．全视场猕猴桃果实信息感知与连贯采摘机器人关键技术研究 [D]．咸阳：西北农林科技大学，2019．

[72]　王粮局．基于动态识别定位的多机械手草莓收获机器人的研究 [D]．北京：中国农业大学，2016．

[73]　陈利兵．草莓收获机器人采摘系统研究 [D]．北京：中国农业大

学，2005.

[74] 于亚君. 挤奶机器人结构设计与运动性能分析 [D]. 哈尔滨：哈尔滨工程大学，2016.

[75] 杨圣虎. 挤奶机器人装备结构设计研究 [D]. 哈尔滨：哈尔滨工程大学，2015.

[76] 张方明，应义斌. 水果分级机器人关键技术的研究和发展 [J]. 机器人技术与应用，2004（1）：33-37.

[77] 饶秀勤. 基于机器视觉的水果品质实时检测与分级生产线的关键技术研究 [D]. 杭州：浙江大学，2007.

[78] 谈英. 苹果采摘机器人在线分级系统设计 [D]. 南京：南京农业大学，2014.

[79] 张庆怡. 苹果采摘机器人在线分级系统研究 [D]. 南京：南京农业大学，2017.

[80] 卢阳. 基于机器视觉的禽蛋分级分选机器人 [D]. 银川：宁夏大学，2017.